血凝长河

侯全亮 白波 张帆 徐腾飞 著

血沸黄河

——抗战中的黄河记忆

黄河水利委员会治黄著作出版资金资助出版图书

黄河水利出版社

图书在版编目（CIP）数据

血凝长河：抗战中的黄河记忆 / 侯全亮等著. — 郑州：黄河水利出版社，2016.10

ISBN 978 - 7 - 5509 - 1093 - 5

Ⅰ.①血… Ⅱ.①侯… Ⅲ.①纪实文学 - 中国 - 当代 Ⅳ.①I25

中国版本图书馆 CIP 数据核字（2016）第 252056 号

组稿编辑：张 倩 电话：13837183135 QQ：995858488

出版社：黄河水利出版社 网址：www.yrcp.com

地址：河南省郑州市顺河路黄委会综合楼14层 邮编：450003

发行单位：黄河水利出版社

发行部电话：0371 - 66026940、66020550、66028024、66022620（传真）

E-mail：hhslcbs@126.com

承印单位：河南省瑞光印务股份有限公司

开本：787 mm × 1 092 mm 1 / 16

印张：12.5

字数：180 千字 印数：1—1 000

版次：2016 年 10 月第 1 版 印次：2016 年 10 月第 1 次印刷

定价：40.00 元

70年前，亿万中华儿女在抗日民族统一战线旗帜下，万众一心，共赴国难，浴血奋战，取得了抗战的最后胜利。在这场血与火的战争中，奔腾咆哮的黄河，凝聚了中华民族保家卫国的坚强意志，铸起了不屈不挠的精神长城，印证了那段荡气回肠的历史记忆。

——作者题记

引 言

2015年是中国人民抗日战争暨世界反法西斯战争胜利70周年。70多年前，中国作为世界反法西斯战争的重要组成部分和东方主战场，全国人民为夺取抗日战争胜利，争取民族独立，促进世界和平，承受了巨大的民族牺牲，做出了艰苦卓绝的历史贡献。

1931年“九一八”事变后，日本占领中国东北三省，实行残酷的殖民统治和军事镇压。1937年“七七事变”爆发，中国人民拉开了全面抗战的序幕。神州大地烽火连绵，家国破碎，山河喋血。在中国共产党倡导建立的抗日民族统一战线旗帜下，亿万中华儿女同仇敌忾，浴血奋战，用血肉之躯筑起抵抗日本侵略者的钢铁长城，以不屈不挠、舍生取义的民族气节谱写了壮丽辉煌的战斗史诗，涌现出了一个个可歌可泣的英雄故事，书写了一幅幅风云变幻、动人心魄的历史画卷，赢得了近代以来中华民族反抗外敌入侵的第一次全面胜利。

抗日战争时期，作为中华民族的母亲河，与国家兴亡相伴，与民族荣辱共生，黄河两岸发生了一系列惊天巨变，在政治、军事、文化等方面，均表现出了特殊的多元意义和丰富内涵。

她是一道威力巨大的天堑地障。浊浪翻卷的激流波涛，形势险峻的群山峡谷，成为遏制日军企图南下西进、迅速推进灭亡中国计划的天然屏障。

她是唤醒全民族救亡图存的思想锐器。如同《黄河大合唱》的战斗吼声，一大批抗战时期的铿锵诗歌，发出中华民族奋起抗争、保家卫国的冲天呐喊。

她是革命圣地的守护神。红军渡河东征，扩大抗日队伍，创立农村根据地。在黄河臂腕的保护下，陕甘宁边区红色政权发展壮大，革命火种成燎原之势。

她是一把利害兼具的双刃剑。花园口决堤改道，一度迟滞了日军进攻，也制造了一场惨绝人寰的空前劫难。广袤的黄泛区，生灵涂炭，灾荒连年，生态环境遗患无穷。

她是一块人生价值取向的试金石。围绕花园口决口改道的决策与实施，中日隔河对峙的博弈，大河堵复回归的波折与变数，功过是非，世事沧桑，人生命运，跌宕起伏，尽现其中……

为纪念抗战胜利70周年，重温那段有关黄河的悲壮辉煌的民族记忆，我们创作了这本纪实文学作品，旨在铭记历史，缅怀先烈，珍爱和平，共创美好，激励人们在新的历史时期，继往开来，进一步把黄河的事情办好，为实现中华民族伟大复兴的中国梦而努力奋斗。

本书以黄河上的重大历史事件为经线，以有关人物为纬线，经纬交织，相互辉映。书中每节都以一个或几个人物为线索，展开情节推演。毛泽东、蒋介石、张学良、阎锡山、孔祥榕、刘和鼎、陈慰儒、蒋廷黻、冼星海、张光年、苏冠军、徐福龄、塔德……这些人物，有些是彪炳千秋的人民领袖和历史伟人，有的埋在时光静深处，鲜为人知；为反映历史真实，使故事更加立体饱满，还记述了一些具有两面性的人物。同时，鉴于黄河回归故道这一重大历史事件，直接涉及抗战胜利后的政治军事斗争，创作中也对此进行了适当的延伸。这样，以人物为线索多方位并行推进故事情节，反映了抗战时期各方政治态度的取向、军事力量的消长、黄河问题的处理、思想文化的碰撞等。在写法上，本书秉承纪实文学“文史兼顾”的基本原则，在忠实记述历史事件、刻画人物精神世界过程中，或铺设陈述，或议论抒情，揭示黄河与民族兴亡、国家安危的重大关系，再现“百折不挠，一往无前”的民族精神，阐释历史发展的必然趋向。

为了增强可读性、纪实性，本书每个章节都插入了一些历史图片，以求图文并茂，鲜活生动，再现黄河上的民族抗战场景。

本书由侯全亮领衔创作，负责构思章节框架及内容，统筹全书审改完善。初稿分工为：第一章、第四章由徐腾飞执笔，第二章、第六章由侯全亮执笔，第三章、第五章由白波执笔，第七章、第八章由张帆执笔。本书从整体构思到创作完成，历时5个月。其间，作者怀着强烈的使命感，夜以继日，伏案笔耕，凝神苦思，广泛收集查阅资料，悉心研究时代背景，穿插采访有关人物，并对一些重大历史问题进行了重新审视和思考。书稿完成后，8月上旬起在《黄河报》连载，引起了读者的强烈反响。为了使读者全面了解那段血与火的历史，我们在连载的基础上，进行了再创作，并选取一些历史图片作为插图，付梓出版。

由于时间紧迫、史料所限等原因，本书难免有不当或疏漏之处，恳请读者予以指正。

著者

2015年9月

目 录

XUENINGCHANGHE

第一章 河东河西两战场

一、毛泽东的“诗言志”

寻访一条河流，触摸一段刻骨铭心的民族记忆。望不断的奔流长河，读不尽的世事沧桑……

这条河就是黄河。上下五千年，曲折一万里，时光的步履穿梭不息，文明的根须源远流长。平时，她以自己丰腴的河水供给人们血脉与营养。战时，她外在的形、内在的魂，赋予民族巨大的精神力量。

这是黄河中游。从内蒙古的托克托起，黄河改变了流向，由北向南，劈破千山万壑，在蜿蜒的晋陕大峡谷中奔流呼啸。黄土高原，大风吹来的奇迹，在岁月的绵亘久远里，成为黄土的世界之最。黄河到了这里，面对着广袤的堆积黄土，仿佛迸发出一种冲天之势，裹一身血污，带满脸浊气，汇纳群川，奔腾跌宕，一往无前。

黄河本不姓“黄”，据说上古时期的黄河，雨量充沛，水流清澈，《说文解字》中称之为“河”，《史记》中称“大河”。大约从西汉时期，黄河在流经黄土高原过程中挟带大量泥沙，河水由清变浊，呈土黄色，始称“黄河”。

这时，亘古奔腾不息、阅尽世间沧桑的黄河，来到了一段中华民族危亡图存的苦难岁月。

时值1936年1月下旬，西北大地，寒冬笼罩。毛泽东率领一支队伍，行走在陕北黄土高原上。

他魁梧的身上穿着一件蓝布棉大衣，脚穿一双旧棉鞋，手里拄着一根树棍，走在羊肠小道上。四周，沟壑梁峁远近重叠，交错纵横，快速行进的绵长队伍，在塬上时隐时现。他率领的这支商旅模样的部队，就是红军总部机关。

经过几天的翻山越岭，徒步跋涉，毛泽东跨过陕西洛川县的于家河，穿过清涧县的双庙河，从国民党军队驻守的县城附近走向黄河，谋划东渡大河，尽快开赴抗日前线。

2月5日下午，部队到达距黄河西岸10公里、地处偏僻的袁家沟村。当晚，一场大雪突降，毛泽东暂时住在一位白姓村民的窑洞里，这一住就是十八天。

这一带从2月2日开始降雪，天气忽阴忽晴，一直下到2月7日晚上，这天正好是正月十五，广袤天地，粉妆玉砌，浩然一色，给黄土高原笼上一层神圣肃穆的光辉。

毛泽东在窑洞里工作了大半天，放下笔，搓搓手，走出大院，和几位红军总部的领导人一起踏雪而行。此时东征抗日战略方针已定，为了视察地形，部署红军先锋军东渡黄河的地点和路线，毛泽东登上黄河岸边的一道山梁，居高临下，极目四野，一派“千里冰封，万里雪飘”的宏阔景象尽收眼底。他迎风伫立，凝眸锁神，思接古今，心潮澎湃，想到秦皇汉武、唐宗宋祖的辉煌业绩，早已随万古长流的滚滚黄河水东逝而去；想到民族危难、救亡图存的历史使命，正呼唤着叱诧风云的当代英雄，不禁诗兴勃发。于是，一首气吞山河、心雄万夫的千古绝唱《沁园春·雪》就在黄河岸边诞生了。

“北国风光，千里冰封，万里雪飘。望长城内外，惟余莽莽；大河上下，顿失滔滔。山舞银蛇，原驰蜡象，欲与天公试比高。须晴日，看红装素裹，分外妖娆。

毛泽东在延安写作

江山如此多娇，引无数英雄竞折腰。惜秦皇汉武，略输文采；唐宗宋祖，稍逊风骚。一代天骄，成吉思汗，只识弯弓射大雕。俱往矣，数风流人物，还看今朝。”

这是一种何等恢宏的自然视野，这是一种何等豪壮的胸襟气度，这是一种何等浓郁的民族情怀，这是一种何等坚定的必胜信念！

通晓中国历史的毛泽东，对黄河有一种独特的解读。

发源于雪域山川的黄河，一路纳百川，聚汇流，腾挪跌宕，九曲不回，势不可挡。中华民族的传承发展之路，与黄河的性情颇多相似。悠悠岁月中，华夏先人在黄河岸边劳作进化，繁衍生息，增殖裂变，酝酿了一场场深刻的社会变革。夏朝“禹会诸侯于涂山，执玉帛于万国”；殷商承夏拥为“三千诸侯”之领袖，跃居世界强林前座；周室继兴，“监于二代，郁郁于文哉”，更是盛况空前；春秋战国，诸侯分治，黄河、长江两大流域携手共进；秦始皇力扫群雄，定于一尉，首开一统帝国之先河；汉代开疆，雄风万里，东西纵横；魏晋隋唐，大浪淘沙，文明净化，和亲贡使，四夷一家；宋元明清，南北纷争，民族交合，四域归心，中华一统……在历史文明的脚步声中，龙的传人在黄河两岸交融汇流，继而向四周辐射，如百川归海，汇成一个稳定的共同体。政治虽因革损益，文化却一脉相承，众心所向，血脉维系，百折不挠，统一进取。千万年来，有多少英雄儿女在她怀抱中成长，有多少威武的故事在她身边上演！

在毛泽东心目中，黄河不仅是中华民族的伟大摇篮，在中国历史的许多重大转折中，它更有着巨大的肱骨神力。

如今，面对日寇铁蹄入侵，亡我中华民族之狼子野心昭然若揭。全国抗战的情绪持续高涨，一场血与火、灵与肉、生与死的殊死抗争正在兴起。正是在这一特殊历史背景下，毛泽东驻足黄河岸边，创作出了这首经天纬地之作。

……

然而，真正使这首词大放异彩的还是在9年之后。

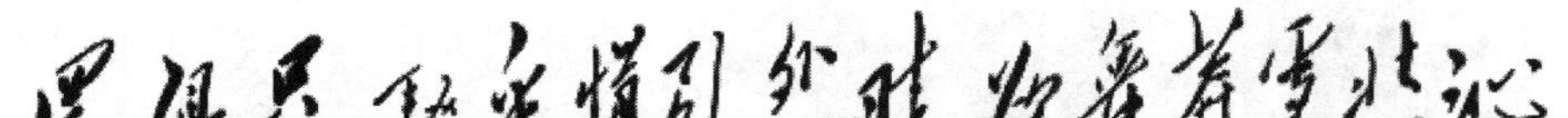
沁园春
北国风光千里冰封万里
雪飘望长城内外惟余
莽莽大河上下顿失滔滔山
舞银蛇原驰腊象
欲与天公试比高须
晴日看红装素裹分
外妖娆江山如此多娇
引无数英雄竞折腰
惜秦皇汉武略输文
采唐宗宋祖稍逊风
骚一代天骄成吉思汗
只识弯弓射大雕
俱往矣数风流人物
还看今朝

毛泽东手书《沁园春·雪》

毛泽东和蒋介石在重庆谈判期间合影

抗战胜利后，1945年8月28日，毛泽东飞抵重庆与蒋介石的国民政府进行和平谈判。

重庆谈判期间，毛泽东多次会见著名爱国人士。9月6日，应友人柳亚子之情，毛泽东将自己写的《七律·长征》一诗送给柳亚子，不久写信致柳亚子，使柳亚子“感发兴起”，遂“以诗代柬”，将感赋二首送毛泽东。两天后，毛泽东又把9年前写的《沁园春·雪》重新抄录后赠与柳亚子。柳亚子看后欣喜若狂，直呼“大作，大作”！他连夜写了一首沁园春和词，抄好送交《新华日报》，请予公开发表。《新华日报》负责人提出要向延安中共领导机关请示，柳亚子急不可等，便建议先发表他自己的那首词。10月11日，即毛泽东离开重庆那天，该报刊发了柳亚子的和词。

重庆各界在报上只见柳亚子的和词而不见毛泽东的原词，纷纷好奇地打探。柳亚子便开始把毛泽东原词向友人圈传发，经众人争相抄录传阅，毛泽东《沁园春·雪》当即不胫而走。当时在重庆民营报纸《新民报》任副刊编辑的吴祖光，几经辗转得到毛泽东这首词，极为推崇，认为是“可遇难求的最精彩的稿件”。于是，在当年11月14日《新民报》第二版副刊显著位置发表了毛泽东的《沁园春·雪》，并配发按语曰：“毛润之先生能诗词，似鲜为人知。客有抄得其《沁园春·雪》一词者，风调独绝，文情并茂。而气魄之大乃不可及。”11月28日，重庆《大公报》亦以醒目版面刊出。《沁园春·雪》的发表立刻轰动整个山城，重庆各家报刊先后发表50余首和词、近20篇评论，成为重庆陪都的一大奇观，并由此引发了一场“政治风雅”的较量。

据说，当时蒋介石看了毛泽东这首词后，既十分恼火，又十分震惊。他立刻找来国民党中央政治会议副秘书长陈布雷，问：“你看毛泽东的词如何？”向以“国民党内一支笔”而著称的陈布雷如实答道：“气势磅礴，气吞山河，可谓盖世精品。”蒋介石说：“我看他毛泽东野心勃勃，想当帝王。你要抓紧组织一批人写文章批判他，要让全国人民知道，毛泽东来重庆不是来和谈的，而是想来称帝的！”陈布雷很快便召集一批文人，要他们各写一首或数首“和词”，以便从中选出意境深邃、文采超凡之作，以蒋介石的名义发表，从气势上把毛泽东的这首词比下去。

哪知，几天后当陈布雷捧着一叠词稿送来审阅时，蒋介石无一中意，他不屑一顾地说：“这些词，带有一股从棺材里发出来的腐臭味，怎么能和毛泽东比！”于是，“借笔生华”一事，只好不了了之。

毛泽东、蒋介石与美国驻华大使赫尔利合影

不久，这些带有“腐臭味”的近30首和词相继面世于重庆的《中央日报》、《和平日报》等报刊。这些词以“步韵唱和”为名，以“反帝王思想”为主题，意图来一场“围剿战”，把毛泽东词的偌大影响压下去。与此同时，重庆文化届的进步人士在周恩来领导下，对于国民党御用文人的攻击也迅速予以反击。郭沫若率先发表两首和词，盛赞毛泽东咏雪词“气度雍容格调高”，批驳国民党当局御用文人“鹦鹉学舌丑态出”。对于国民党当局挑起的这场“文战”，毛泽东很不以为然。他在给延安的著名爱国民主人士黄齐生的信中说：“国民党骂人之作，鸦鸣蝉噪，可以喷饭，并付一观。”

颇有意思的是，在重庆山城之中，有些精明的老板把毛泽东的这首《沁园春·雪》连同收集到的数十首“唱和词”，一起张挂在商铺与饭店里，以孕育着刀光剑影的“风雅较量”招徕顾客，拉动生意。此举，还倒真的带来了不小的广告效应……

也许是毛泽东已成竹在胸，就在赴重庆谈判期间，诗人徐迟向毛泽东请教作诗，毛泽东挥笔写下“诗言志”三个遒劲俊逸的大字相赠。后来徐迟在《重庆回忆》一文中说：诗言志是中国古典诗歌理论的基本点，但在主席那里，这三个字赋予了新的内容。他言的是人民之志，是志向之志、意志之志，这是给予诗人最具启示性的诗学灵魂。

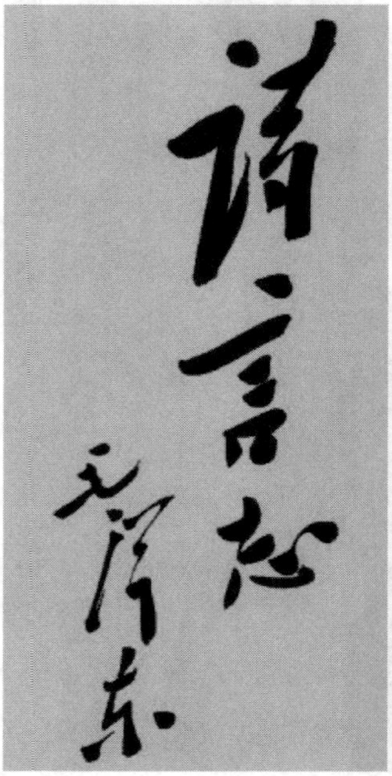
毛泽东题写的“诗言志”

的确，从毛泽东的所有诗作中都能使人感受到一种“志”的力量所在。无论是在腥风血雨的战争年代，还是在充满错综复杂矛盾的新中国建设时期，毛泽东的诗词，无不充满着坚不可摧的凌云志向。“敌军围困万千重，我自岿然不动”，“不到长城非好汉，屈指行程二万”，“为有牺牲多壮志，敢教日月换新天”，“欲与天公试比高”所透射的坚定信念；“独有英雄驱虎豹，更无豪杰怕熊罴”，“金猴奋起千钧棒，玉宇澄清万里埃”所伸张的大无畏精神；“今日长缨在手，何时缚住苍龙”，“雄关漫道真如铁，而今迈步从头越”，“要横扫一切害人虫，全无敌”所表达的战斗意志；“待到山花烂漫时，她在丛中笑”，“太平世界，环球同此凉热”所揭示的必胜信念。这些瑰丽雄壮的诗句，总是以坚定的政治理想、坚强的革命意志、伟岸的艺术形象，催人奋进，勇往直前……

更何况是在黄河之滨，这条伟大的河流，更赋予毛泽东“诗言志”的雄浑浩气与非凡力量。几年后的1948年3月，中共中央决定将革命指挥中心迁往华北，毛泽东率众东渡黄河行至河中心，他说道：“黄河是中华民族的摇篮。你可以藐视一切，但不能藐视黄河。藐视黄河，就是藐视我们这个民族。”新中国成立后，毛泽东回忆起当年的战斗情景曾意味深长地说：“黄河拯救过中华民族的危亡，与我共过患难，我们是结下美满姻缘的。”

这，也许是毛泽东创作《沁园春·雪》这首千古绝唱的真谛所在。

二、渡河东征

自古以来，黄河天险，作为抵御外敌入侵的天然屏障和战略要地， 犹如横亘在战争与和平之间的一道鸿沟。大河两岸，黄土漫卷，飒风呜咽，搅起阵阵喊杀的烟尘，回荡着哒哒的马蹄声响，一幕幕中原逐鹿的战争史诗载满史册。

这是1936年伊始。寒夜消退，黎明破晓，漫漫冬季似乎已走到尽头，一个复苏的季节悄然来临。

面对日寇铁蹄的步步残踏，共产党领导的红军义愤填膺，正着手孕育一场新的重要战事。

1935年12月，中共中央政治局在瓦窑堡会议上分析了国内外形势。此时，面对风起云涌的抗日形势，多年兵戎相见的国共两党，通过“地下”渠道开始有了一些秘密接触。一些国民党方面的代表提出：只要共产党放弃阶级斗争与暴力革命，拥护南京政府的领导，就可以合作抗日。而共产党的代表则要求：国民党政府应立即发动抗日战争，开放民主自由，保护民众爱国运动。这种谈判虽然没有实质进展，但也蕴含了建立抗日民族统一战线的可能性。为此， 瓦窑堡会议讨论了转变中共策略方针的必要性，确定了红军的军事作战原则，即把国内战争同民族战争结合起来，准备对日作战，扩大红军队伍。具体方案是，把红军行动的主要方向放在黄河东岸的山西和黄河北边的绥远等省。

1936年1月15日，毛泽东、周恩来、彭德怀签发了关于红军东进抗日及讨伐卖国贼阎锡山的命令："主力红军即刻出发，打到山西去。"2月17日，红军总部发布《东征宣言》，决定组成红军抗日先锋军，东渡黄河开辟抗日战场。各路东征部队迅速集结到黄河岸边，战士们士气高涨，精神振奋，开始紧张地进行着渡河准备。

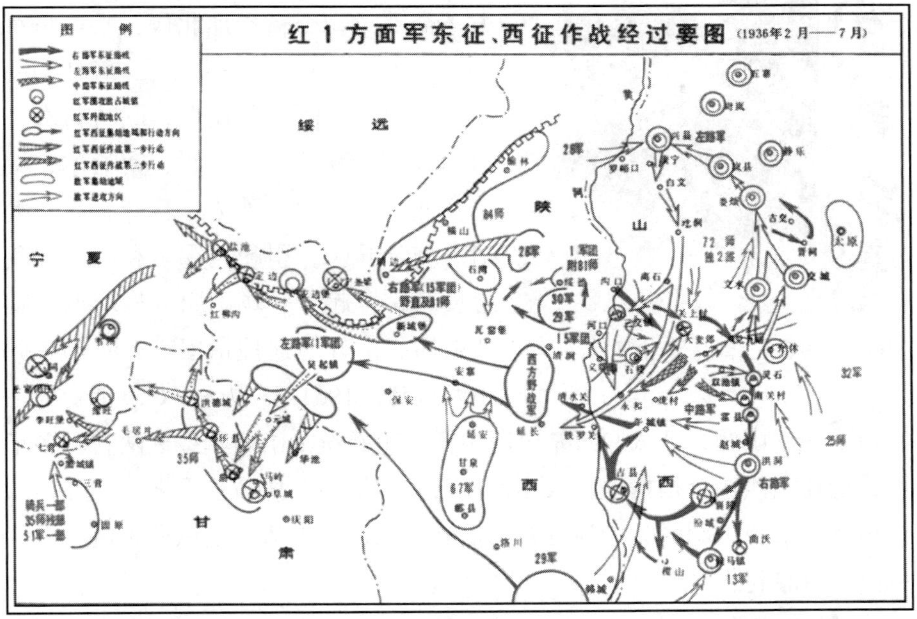

1936年初红军东征路线要图

黄河晋陕峡谷之间，奔腾的河水，力冲万钧，一泻千里。至壶口，飞鸟罕至，望险而还。出龙门，喷薄直下，河面宽阔，泥淖四布，暗流涌动，深浅莫测，古为军渡之大忌。

此时，黄河这一战略咽喉要塞正被以阎锡山为首的晋军严密把守。天堑加阻敌，此一渡河之战，何其艰难险恶！

1945年阎锡山本人签名照片

阎锡山，1883年生于山西五台县河边村，早年毕业于日本陆军士官学校第六期。辛亥革命时，曾组织太原辛亥起义。此人极其擅长于见风使舵，进行政治投机。民国初期任山西省督军、省长期间，先是投靠袁世凯，袁死后继而投靠北洋军阀段祺瑞。1927年6月，在北伐战争节节胜利形势下，阎锡山自称北方革命军总司令，参加北伐，乘机将军队扩编为 8个军。1928年2月，阎任国民革命军第三集团军总司令，联蒋讨奉，势力范围逐渐扩展到河北、察哈尔、绥远及北平、天津。不久，蒋介石借“编遣”剪除异己，引起阎锡山和冯玉祥联合反蒋，掀起了一场中原大战。冯、阎战败后，阎异地遥控指挥，实际仍掌握山西局势。1931年“九一八” 事变后，阎锡山返回山西，任太原绥靖公署主任，重新统治山西和绥远两省。多年间，他在山西这个根据地，采用保境自守的策略，凭着善于韬晦算计，八面玲珑，形势不明朗时，与各方都搞好关系，见大势已定瞅准时机出手，频频获得厚利。

这一时期，阎锡山的两面性特点又明显暴露出来。一方面，面对国内救亡运动的日益高涨，向以敛财闻名的他，突然大方起来，积极赞助活动经费，支持“山西青年救国团”、“建设救国会”、“文山读书社”等民众团体，开展救亡活动；另一方面，看到红军长征到达陕北，力量日益增强，隔河相望的他深深感到“赤化”的威胁，设计出了“军事防共”、“政治防共”、“经济防共”、“思想防共”、“民众防共”等一系列“防共反共”策略。同时，阎锡山还与日本人频有来往，保持着不菲的关系。早在日本留学期间，他就与冈村宁次、板垣征四郎、土肥原贤二等有了交情，这些侵华日军的大头目，将阎锡山作为分裂和削弱蒋介石力量的一个重要工具，而阎也为实现自己独霸山西的权欲，暗中与日寇做着交易。

时下，阎锡山正处于三难境地。一是，日军不可一世，气势汹汹，其目标是要灭亡中国，掠得东北后继而侵进华北，山西自然唇亡齿寒。二是，中共领导的红军经过长征到达陕北，高举抗日旗帜，受到广大民众的拥护和支持，其力量迅猛发展。陕北红军要开赴抗日前线，进军途中山西首当其冲。三是，阎锡山还要时时防备蒋介石的背后暗算，因为红军如若入晋，蒋随时可能以"剿共"为名，调动陕西、河北一带蒋的嫡系部队，进军山西。

（左起）冯玉祥、蒋介石与阎锡山合影

阎锡山经过深思熟虑，最终从其根本立场和切身利益出发，决定以武力阻止红军渡河进入山西。为此，在近千里的黄河东岸防线，集结大量军力，各城镇重兵把守，随时增援各个渡口，修筑高碉暗堡千余座，企图依托吕梁山隘要道的纵深防线，阻击渡河东征红军。

然而，历史的天平从来偏向于正义之师，万古河山仿佛也在襄助保家卫国之军。2月20日，红军主力发起渡河战斗。一场打通民族救亡之路的战役打响了。

当晚，红军第一军团和第十五军团，从北起绥德沟口、南到清涧县河口村沿线百余里渡口处，同时发起攻击。红军将士个个奋勇作战，很快击退守河晋军，首战即全歼阎军一个团，俘获一个炮兵连。突破黄河天险之后，红军接连占领三交、留誉、义牒、塘马各镇，控制了各主要渡口。晋军在吕梁山区设置的“中间阻碍地带”即刻土崩瓦解。

首战告捷，大大鼓舞了红军将士的士气。

3月6～8日，中共中央召开政治局扩大会议，决定调整渡河东征作战部署，集中优势兵力，重创晋军。在长达10公里的山谷地带布下三面埋伏的袋形阵地。首战失利的阎锡山受到极大震动，他亲自召开会议，将7个师14个旅的兵力集中编为4个纵队，与红军开战。几天后，两军交战，红军主力从左、中、右三面发起攻击，并派出骑兵向两翼包抄。晋军仓皇应战，负隅顽抗，战况十分激烈。

八路军陆续渡过黄河，奔赴抗日前线

此时，一方面，1936年红军东征后，中共中央政治局会议研究确定创建根据地，开展游击战争，配合国民党军队正面抗战，旨在实行全面抗战路线。此时，由于红军过河不久，加之地形不利，武器装备又弱，一举实现原定东征目标确有困难，于是决定暂时撤出战斗，伺机东进。

八路军总部在陕西芝川渡黄河挺进敌后时，朱德（右1）、任弼时（右2）、左权（右3）等在渡船上

另一方面，阎锡山为保存实力，也放弃与红军主力决战的计划，将晋军主力集结布防于汾阳、孝义、灵石、介休一带，沿同蒲路和汾河严密设防，防堵红军东进北上。

渡河战役陷入胶着状态……

针对这种情势，3月12日，红军总部在郭家掌召开抗日先锋军团以上干部会议。毛泽东在会上作了形势与任务的报告，决定兵分三路行动，以红一军团为右路军，沿汾河岸与同蒲路南下洪洞赵城地区作战，发动群众，挺进河北抗日前线；以红十五军团为左路军，挥师晋西北，威逼太原，以牵制调动晋军主力，相机挺进绥远、察哈尔抗日前线；以毛泽东和叶剑英率总部特务团、红三十军和红八十一师一部为中路军，转战于晋西离石地区，创立河东革命根据地，并在孝义、石楼、永和一带山区，与阎军兜圈子。

据此部署，红十五军团率先行动，绕过汾阳，挺进文水、交城，其先头骑兵进至太原晋祠一带，继而攻占了灵石、襄陵、侯马，直逼山西重镇临汾。挥师南下的红一军团，拦腰截断同蒲路，向南包围洪洞、赵城，奔袭临汾、襄陵。红军所到之处，组织地方游击武装，创立农村苏维埃政权，播撒抗日革命火种。在广大人民群众的拥护和支持下，红军取得节节胜利，将阎锡山的地盘占去几近三分之一。

东征红军的持续推进，使阎锡山惶惶难安。他一面命令部署挖壕架网，严密戒备，全面应战，一面不得不冒“引狼入室”的极大风险，向南京急电请求蒋介石派兵增援。蒋介石也正暗自打着如意算盘，把这作为插入山西的绝佳机会，立即从洛阳、徐州、武汉等地调遣10个师20万兵力，以“剿共扶晋”的名义，星夜兼程，入晋增援，并在山西成立陕甘晋绥四省“剿匪总指挥部”，任命蒋的亲信陈诚为总指挥，以期以“剿共”为契机，趁机在山西扩大势力，削弱阎锡山实力。与此同时，驻守洛阳、潼关及关中一带的蒋军部队沿河北上，封锁黄河渡口，企图将红军主力围歼于黄河东岸的吕梁山区。

红军东征受阻，一场内战一触即发，形势突然变得复杂起来。

面对这一局势，4月下旬，毛泽东率红军总部机关在永和县赵家沟村一带召开军事会议，根据当前的复杂形势，为了避免大规模内战爆发，保存有生力量，以利于团结抗战，决定把战略方针由“抗日反蒋”改为“逼蒋抗日”，同时决定西渡黄河，回师陕北。红军在回师通电中说：此次行动，旨在向全国人民表示诚意，愿与一个月来进攻抗日红军的部队，实行停战议和，以达到共同抗日的目的。

4月下旬，红军人马相继渡过黄河，返回陕北。

蒋介石自然不肯轻易放过这个机会。他当即下令命阎锡山组织十余个团兵力，由李生达为总指挥，派蒋的亲信汤恩伯作监军，入陕追击红军。这显然是蒋介石借机将晋军推向与红军作战的不可自拔的境地，以达其“剿共削阎”一箭双雕的目的。

心机颇深的阎锡山迅即感到了蒋介石的险恶用心。于是，一面摆出服从命令的姿态，派李生达前往离石前线，一面通过收买李的卫士，在即将渡河的当日凌晨把李生达刺死在军中。之后，阎锡山装出悲痛万分的模样厚葬李生达，同时以“大将遇刺，军心不稳”为名，向蒋介石请求延期入陕。事已至此，蒋也只得悻悻作罢。

由于控制了各路渡口，东征红军主力和总部仅用了三个昼夜即班师西渡黄河，于这年5月5日全部回到陕北。至此，红军渡河东征宣告结束。

此次东征，前后历时117天，红军转战山西50余县，共歼阎军约7个团，毙伤1.3万人，俘敌4000余；组织发展地方游击队30多支，在山西大地点燃了抗日烽火，扩大了共产党和红军的影响，推动了华北和全国抗日救亡运动。同时，红军扩充8000多名战士，进一步壮大了队伍。

东渡黄河，亮剑山西。毛泽东回到陕北高度评价此次渡河之战说：打了胜仗，唤起了民众，筹备了财物，扩大了红军。

三、兵谏，石破天惊

“四合连山缭绕青，三川滉瀁素波明。春风不识兴亡意，草色年年满故城。烟愁雨啸奈华生，宫阙簪裾旧帝京。若问古今兴废事，请君只看洛阳城。”

这是宋代文学家司马光当年途经洛阳城时有感而发写下的诗句。在几千年中华文明历史长河中，洛阳以“九朝古都、八代陪都”闻名，105位帝王先后在此定鼎九州，“河图洛书”在此诞生，古丝绸之路与隋唐大运河在此交汇……一幕幕历史的传奇与辉煌，印证着这座古城在中国版图上的举足轻重。

1936年金秋十月，蒋介石来到洛阳。

早在一个多月前，这里就已经是一片繁忙的景象。最忙碌的当属南京中央陆军军官学校洛阳分校的4000多名教职员和学生。他们在从洛阳西宫的学校本部到洛阳城西门地区，到处张灯结彩、搭台铺地，净水洗街，还组织了河南各地区的龙灯、高跷、旱船、秧歌等表演队伍，又专门从上海、南京等地区邀请蒋介石喜欢的剧团，前来做寿表演。

10月31日，是蒋介石五十寿辰。蒋介石决定离开南京到洛阳“避寿”，之所以选中洛阳，不仅因为这里曾是蒋介石下野复出、就任国民党军事委员会委员长的“中兴”之地，更重要的是，它接近西北“剿共”前线。共产党的存在和发展，始终是他的心头大患。

在蒋介石看来，红军主力经过长征，疲惫不堪，在陕甘宁立足未稳，正好集中兵力、一鼓击之，快则两周，慢则月余，此时不除，更待何时。

然而事与愿违，这一期间，令他万万没有想到的是，西北的张学良和杨虎城像两匹脱缰的野马，不但“剿共不力”，反而和共产党暗中勾勾搭搭，居然还高谈阔论什么“联合抗日”，简直是精神错乱，无法无天了。

10天前，蒋介石为掌控西北局势，稳定人心，专程飞赴西安，在华清池召开东北军和十七路军部分、师长参加的军事会议，明确宣布了他的“剿共”计划。会后又分别召见了张学良和杨虎城，毫无情面地厉声呵斥两人对自己存有二心。谁知张、杨不但不知悔改，还软磨硬泡地说：“所属各部剿共士气低落，请求接受中共建议，共商抗日大计。”

最让蒋介石忍无可忍的是，张学良作为他亲自任命的西北“剿共”最高军事指挥官，还专门从西安飞到洛阳再次请求停止内战，让东北军和十七路军开赴抗日前线，说到痛心处声泪俱下。蒋介石对此大恼，一掌击到桌子上，连茶杯都震翻在地打碎了，对张学良吼道：“你空谈联共抗

1936年10月，蒋介石在陕西与西北军政首脑合影。前排左起：杨虎城、蒋介石、宋美龄、杨虎城夫人、张学良、邵力子（陕西省政府主席）

日，这都是受了共产党的迷惑。军人以服从命令为天职，我叫你向东，你就应该向东，不要问为什么！我们的国策是攘外必先安内，决不能改变！”

这次蒋介石再去洛阳，就是要给张、杨二人一点颜色瞧瞧。

此时，空军两个战斗机中队已奉命降落在洛阳西宫机场。蒋的30个师嫡系部队，也由福建赶抵陇海线的郑州至潼关一带，铁路上不断有兵车经过洛阳车站西进。南京30余位军政大员也已纷纷云集洛阳。

大兵压境，来势不善。

10月31日上午，蒋介石五十大寿庆典如期举行，蒋与夫人宋美龄步入庆寿礼堂。他一身戎装，外罩着黑色防弹斗篷，脸上无阴无晴，微眯的眼里，含着几分愠怒。倒是宋美龄仪态万方，穿一件深紫色丝绒裙袍，头上梳个小鬏，上插镶有钻石的发簪，笑容可掬地坐在蒋介石身边。两侧，张学良、阎锡山、傅作义、宋哲元、商震等军事要员依序而坐。

台下，由南京黄埔军官学校代表和洛阳分校师生组成的几千人庆祝大军，每人都佩戴着一枚镶着蒋介石头像的“扣式像章”，并统一钉在军服五个大扣子的第一枚位置上。

典礼开始后，国民党中央党部特派代表、各地军政大员相继发言，所有的祝词、贺词，无一例外地是一番歌功颂德，盛赞蒋介石完成统一大业，实施剿共政策，云云。蒋居中端坐听后微露笑容，主持者请他讲话时，他先是讲了一番“礼义廉耻”的哲学道理，接着冷下脸来，语锋一转开始训话：“军人的天职就是要服从长官！你们说对不对！”

听到领袖的发问，台下的庆祝大军立刻排山倒海一般地高喊：“对！”

蒋介石嘴角漾出一丝冷笑，斜了一眼紧挨着他坐的张学良。这位“东北易帜”后与他义结金兰的“少帅”，此刻脸色苍白，眼神沉重，瘦瘦的脖子上青筋鼓跳，仍然是一副按捺不住的执拗，在场所有人都将目光聚焦在张学良身上。张学良内心五味杂陈，表面上却只能不动声色。

蒋介石见此情状，肝火大旺，声色俱厉地说：“当前，我们的敌人就是共产党！日本是我们的敌人，可是他们离我们还远，而共产党就在我们身边，我们应该分清远近缓急。如若不然，只空谈抗日，不谈‘剿共’，那就是是非不明，先后不分。这种人在家不能孝父母，为国不能忠于职守。现在，我们一定要‘剿共’，对于那些不忠于职守、不忠于国家的军人，一定要予以制裁！”

他这些话，显然是敲山震虎，有意说给张学良听，也讲给在座的杂牌部队将领听。来此之前，蒋介石心中已打定主意，如果东北军和福建的十七路军再擅自行动，不听指挥，他就把东北军调往福建，把十七路军调往安徽，逐步分化瓦解，让他们再也折腾不起来。

张学良一旁听着蒋介石训话，心里愈发不是滋味，回想起自己数次竭力进言，均遭到强拒，他的心理压力越来越大，东北男人那股血气方刚、抱诚守真的义气被逼到几近崩溃的边缘。

他怎能不备感压抑呢？自打1935年，按照蒋介石的指令，东北军参与“剿共”行动连遭惨败。1935年9月，蒋介石在西安设立西北“剿匪”总司令部，调东北军进入陕甘，任命他为西北“剿共”最高军事指挥官。然而，10月初劳山一战，张部六十七军一一〇师2个团和师部被红军所歼，师长何立中战死，团长裴焕彩被俘。10月29日榆林桥战役中，东北军一〇七师和六一九团又被全歼，团长高福源被俘。一个月后的直罗镇战役，

1936年12月西安事变前蒋介石在潼关

东北军精锐之师一〇九师再次败在红军手下，6000余名东北军官兵死伤和被俘。这仗越打越窝囊，兵越打越少。

重要的问题还在于，狂野的日军迅速占领他的东北老家后，又对着华北地区张开血盆大口。华北沦陷，中国失去了半壁江山，眼看着五千年文明古国即将变成殖民地，四万万同胞将沦为亡国奴，在日军铁蹄下挣扎、煎熬……国仇与家恨，如团团火焰，在这位东北少帅胸中剧烈燃烧。

这次庆寿一共进行了三天。张学良心结郁郁难解，活动一结束，他便立即吩咐副官："收拾东西，回西安！"后来他自己曾说过，这次听了蒋介石的训话之后，感到非常失望，背着人大哭了一次。

而蒋介石仍然一意孤行，坚持"攘外必先安内"政策。一个月后，蒋介石由洛阳抵达西安。

西安位于黄河最大的支流渭河之滨。渭河发源于甘肃省渭源县鸟鼠山，全长820多公里，沿途汇集了110多条较大支流，东流至陕西省潼关县汇入黄河，是中华文明的主要发祥地之一。

从古都洛阳到另一座古都西安，中国历史注定要在黄河流域这块土地上发生一场惊天事变。

蒋介石一到西安，立刻便准备调动30万中央军嫡系部队接替东北军和西北军，意图对红军发动第六次"围剿"。为此，张学良与杨虎城再次向蒋介石苦谏，痛述陈词，蒋介石仍不为所动，对张学良说："即使你把我用手枪打死，我的'剿共'政策也不能改变。"

目睹国破家亡，政府当局筹谋不决，内争不断，西安等地的爱国学生们情绪高昂，悲愤交加，纷纷聚集在华清池前，向蒋介石请愿，大家齐声高唱《松花江上》，要求政府抗日。这场面，感动了在场的东北军士，也惹怒了蒋介石，发出枪杀令。

眼看一场血案即将爆发，张学良痛心扼腕，主动为学生请命。蒋介石却十分决绝地说："对这批学生，除了拿机关枪打以外，是没有办法的。"张学良听后忍无可忍，反问道："机关枪不打日本人反而去打爱国学生？"两人大吵一场。

西安事变前夕，西安市爱国学生游行请愿要求抗日

多次劝蒋无果，陷于绝望的张学良和杨虎城决然发动兵谏，逼蒋抗日，西安事变爆发。

关于西安事变，历史早已为其定格，这里无须赘述。但随着历史档案的陆续公开披露，近年对于这场兵谏又出现一些新的说法。

一份材料是1956年11月张学良在台湾监禁期间撰写的《西安事变反省录》，这份材料发表于1964年7月台湾《希望》杂志，文中张学良带有“检讨反省”意味，称自己被中共利用，做出了“误国害民”之事。

另一份材料是1957年4月张学良写的《杂忆随感漫录》，文章中对西安事变作了进一步反省，甚至将蒋介石的论调“西安事变催生容共政策，使中共坐大”罪归于张学良自己。

其实，经过综合辨析，就会发现上述材料中张学良的所谓“悔意”之说很不可信。上述材料乃张学良在台监禁期间所撰写，张当时对获取自由尚存希望，难免有迎合意味。其“忏悔”之意，恐怕不是张的真实想法。

反观张学良遗留下来的大量文章、日记、回忆录和采访实录，倒是可以看出，对于西安事变，张始终坚持自己的主张没有错，只是承认扣押蒋

发动西安事变的爱国将军张学良、杨虎城

介石方法欠妥，对领袖有不恭之罪。

如1947年，张学良在凤凰山幽居期间对前来探望者说："西安事变，为了制止内战，为了抗日，我没有错。但我不该扣留委员长，判刑十年，无话可说。"20世纪80年代末，张学良恢复自由后，他在多个场合对采访者仍然坚称自己这一观点。《张学良世纪传奇（口述实录）》一书写到，张说："至于你们问我，为什么会有西安事变，我只能说，我相信中国一定要统一，要枪口对外，不要再打内战了。谈不上什么后悔不后悔。"据该书记述，1995年张学良95岁生日时，他回忆起近一个世纪的人生历程，感慨道："我对1936年发动的事变无悔，如果再走一遍人生路，还会做西安事变之事。"

对于与中共合作，张学良一直坚持认为是为了反对内战，共同抗日。还是在《张学良世纪传奇（口述实录）》中，记述他在接受采访时说："当时我的心里，实实在在反对内战，反对透了！自个和自个打，今天跟你打，明天跟他打，明天又合，后天又不打，打死了那么多人，打死的都是佼佼者。我厌烦内战，就是‘剿共’我也不愿意‘剿’，这有什么意思呀？……所以，西安内战，我不干了。你跟日本打，我打！你和共产党打，我不打了。”

1991年5月29日，张学良会见东北同乡谈到共产党红军，他说：“我也是带兵的人，深知带兵不易。中共红军能够经过长途行军后，仍然保持军容实力，的确不能忽视。当年我手下两个精锐师与红军对阵，他们人数虽不多，但最后还是把我的两个师吃掉了，师长战死，团长被俘。面对这样顽强善战的军队，无法战胜他，就与他合作。”

关于送蒋介石回南京，张学良始终不后悔，但有遗憾。1991年5月21日，美国记者问他：“您说送蒋回南京是准备受死。你有没有想到一去会软禁54年？假如时光能倒流，您还如此做吗？”张答：“我是军人，我做的事，我负责。”有资料表明，张学良感到遗憾的是，他本想能得到蒋的特赦让他返回西安，可惜未遂其愿。早在1937年他就曾对邵力子说：“我这次冒生命危险，亲自送委员长回京，原想扮演一出从来没有演出过的好戏。如果委员长能以大政治家的风度，放我回西安，这一送一放，岂不成为千古美谈！真可惜呀，一出好戏竟演坏了！”

……

无论这些说法孰是孰非，一个不争的历史事实是，在千古黄河凝聚的民族血缘维系下，中华派系终于在大敌当前停止自相操戈，走向了一个共同的战场——抗日战争。

从此，中国抗战形势出现了重大转机。

X U E N I N G C H A N G H E

第二章 战争离乱中

一、悲壮的长江阻塞战

1937年10月下旬的一天，大野穷秋，烽烟弥漫。47 岁的黄河水利委员会委员长孔祥榕神情严峻，行色匆匆，率领一支280多位技术员工组成的黄河队伍，踏上了奔赴长江之路。

孔祥榕，字仰恭，1890年生于山东曲阜，21岁毕业于京师译学馆，历任北京政府财政部所得税处总办、黄河濮阳工程督办公署参议、河北省永定河河务局局长、内政部河道水利专门委员会委员、交通部扬子江水道整理委员会委员兼总务处处长、实业部汉口商品检验局事务处主任等职。1920年担任永定河河务局局长期间曾主持过堵口工程获得成功。1933年黄河大洪水过后，国民政府决定成立黄河水灾救济委员会，由孔祥熙任委员长，下设总务、工赈、灾赈、卫生、财政等5个组，孔祥榕被聘任为该委员会委员兼工赈组组长。

来到黄河上，孔祥榕留下的口碑可谓褒贬不一。

先说褒的一面。1935年10月，为筹办黄河董庄堵口工程，他调集一批老河工，并聘请美国工程师塔德为顾问，日夜奔忙于堵口工地。堵口中采用柳石枕合龙，于次年3月使堵口工程竣工合龙。对于他的这一得意之作，国民政府还特地颁发了一块“安澜保民”的匾额予以褒扬。

1936年春，为增加黄河防汛抢险的主动性，他从沿河挑选400名经验丰富、技术精良的河工，组成4个专业抢险工程队，分驻河北、河南、山东各险要工段。队伍实行汛兵制，统一制服，佩戴徽章，纪律严明，由黄河水利委员会直接调遣，此举日后派上了不小的用场。

再说贬的一面，是他信神敬神出了名。譬如，他1933年上任工赈组组长伊始主持冯楼堵口工程时，抢险料物尚未筹集完备，先从河对岸的开封城，请来一些棚彩业工匠，在决口口门附近的大堤上，临时搭建起一座大王庙，摆上黄缎锦盒，盒里供奉上一条小蛇、一只老鳖或是一只蛤蟆，称之为“河神大王”、“将军”。还请来道士主持庙事，献上供品，亲自焚香祭拜，祈求河神保佑堵口成功。

谁知黄河偏不赏脸。这年初冬，夺溜七成的河水借风鼓浪，扑向堵口堤坝，堵口处坝底突然发出几声沉闷的巨响，接着巨大的坝体轰然坍塌，

1933年长垣冯楼堵口河工们在船上捆扎柳石枕

墩蛰入水。堵口现场上，正在打孔栽桩的，抛柳石枕的、运土石秸料的、打夯的工人们猝不及防，瞬间被激流吞没。虽然大部分水性较好者侥幸脱险，但仍有两位工人命丧黄泉。

于是，工地上像炸开了锅，工人们都不上坝，堵口工程停了。

闻讯赶来的孔祥榕，面对这种局面，又搞起了“敬神术”。他对工人们说：“你们以为黄河是什么，它是一条神河！我们就是专门侍候它的。为什么会出事，那是因为我们没有侍候好，它就发火嘛。你们以为被河水淹没的两位工人是谁？他们就是二位河神将军。现在二位将军被河神爷招去了，我们要表示我们的虔诚之心。我宣布，立即准备为二位河神将军修建一座将军庙，保佑我们今后诸事顺遂。大家要赶快上工，好好干活……”

1936年3月，董庄堵口采用柳石枕获得成功，图为合龙后压土巩固的情景，中间穿长衫者为孔祥榕

可是，工人们对此并不买账。孔祥榕又让河务局、河防段的官员反复去做工作，工人们仍拒不上堤。最后孔祥榕还是答应对死难人员破格予以奖抚，工人们才复了工。接着，孔祥榕听取河工技术人员齐寿安的建议，采用“透柳落淤堵口法”，先在口门西坝头做透水柳坝缓溜落淤，再通过开挖引河、进占合龙，终使堵口工程完成。

褒也好，贬也好。总之，孔祥榕没耽误仕途得意，步步高升。

而黄河依旧不认这壶酒钱。1934年汛期，洪水再起波澜。原堵合口门处因淘刷严重，又被大水冲决4处。一时舆论大哗，追责的呼声四起。为此，国民政府两次特派监察委员立案调查，监察委员调查后认为，此地口门堵而复决，确与孔祥榕虚靡国帑、延误工赈有关，于是两次上书弹劾孔祥榕。但奇怪的是，孔不但未受惩戒，反而很快升任全国经济委员会水利委员会常务委员、黄河水利委员会副委员长，并全权负责另一处堵口工程——贯台堵口工程。

1935年10月，时任黄河水利委员会委员长的李仪祉因与政府当局治水意见不和，愤而辞职。孔祥榕旋即被任命为该委员会代理委员长，次年5月得以扶正，从而成为主政黄河的第一把手……

1936年9月，孔祥榕在山东鄄城李升屯险工堤坝查看堵口后的黄河河势

然而，此时，从神情看得出来，孔祥榕这次率众赴长江之行，意义绝非一般。原来，他要去参加一场堵塞长江之战。

事情还要从当时的抗日战争形势说起。1937年“八一三”事变爆发上海沦陷后，长江防务顿时吃紧。当时日本是仅次于英美两国的世界海军第三大国，拥有110万吨排水量的舰艇，而中国海军仅有40余艘舰艇、5万多吨总排水量，与敌军相差20倍。海军实力悬殊如此之大，要想阻敌溯江西进，侵犯中游腹地武汉，只有在长江上进行水道堵塞，同时加强岸防要塞。于是，国民政府军事委员会经反复研究，决定采取阻塞长江航道的防守方案。

最初，构建长江封锁线在南京下游的江阴一线开始实施。这里距上海100多公里，河床浅、江面窄，沿岸设有要塞炮台，在此集中部防，封江堵塞航道，对于配合陆军作战十分有利。对于这个近乎“自杀”的沉船主张，也许是蒋介石心有忧虑，迟迟未能下定决心。待到8月12日“宁海”旗舰接到沉船封江的命令，已错过最佳战机。尽管如此，屹立在长江中流的这道江阴封锁线还是一直持续了140多天之久。为构筑江阴封锁线，中国海军先是灌水自沉军舰12艘、征集的商船和码头船31艘，继而又调集各地船舰185艘，连同填入船舱的3000多立方米巨石、65000多担碎石，一起沉入江心。江阴封锁线的构筑，有效阻击了敌舰的进攻，对于中国军队苦苦支撑的淞沪抗战起到了有力的配合作用。

随着战局险恶形势的发展，长江水道阻截战也在向纵深处演绎。鉴于战局紧张，此时，南京国民政府已决定迁往重庆，军事委员会迁往武汉。为抵御日军船舰继续沿长江西侵武汉，国民政府军事委员会决计进一步加强长江沿线防守，实施长江塞航的第二道防线。考虑到沉船载重及各船间浮动较大，位置难以固定，军事委员会认为，黄河水利委员会素有堵塞决口经验，遂下令由黄河水利委员会委员长孔祥榕、江防司令刘长兴、扬子江水道委员会委员长傅汝霖、海军副总司令曾以鼎等联合组成长江阻塞设

抗战时期，长江阻塞战中被沉没的“海容号”巡洋舰，1959年在长江罗家桥港口被打捞出

计督察委员会，共商封锁线之大计。该工程拟在长江沿线的江西马当、江苏乌龙山、湖北葛店、田家铺等地实施，工程设计与施工主要由黄河水利委员会的技术员工负责。

接过这道军令，孔祥榕须臾不敢怠慢，立即组织河南、山东黄河修防处负责人，精挑细选，组成一支30余名工程技术人员、250多位河工的精良队伍，决定给予优厚的工薪待遇。经一番救亡图存大义的严正训导之后，风尘仆仆地上路了。

江西马当是此次长江阻塞战的重要战场。这里，地处皖赣边界，丛山环抱，水流湍急，形势险要，为长江中游最狭窄处，仅有500米宽，是长江最重要的要塞之一。为确保阻塞工程成功实施，政府当局征集民夫万余人，民船万余只。采取的主要措施，一是直接将载满石块的船只沉入江水，二是修作柳石坝抛入江中，三是在马当山峰险要处筑起三级炮台、碉堡等工事，配置重兵把守。江面最窄处，浇灌钢筋水泥墩柱，贯以铁链，水下则布设人工暗礁30处、水雷1600多枚。如此，形成一道拦河坝式的立体阻塞线。

在上述修作柳石坝措施中，厢埽进占、捆抛柳石枕、编抛铁丝笼、修作透水柳坝、扎护岸沉排等河工技术，都是黄河上常用的看家本领。以“柳石混合滚厢”这种新式绝技为例，其操作要领是，以底勾绳为经，以束腰绳为纬，形成网兜状，里面柳石混合体分格吊拉，犹如大枕包小枕。这种柳石结合体在急流中也能抛锚挂缆，安稳滚动下沉，不会出现跑坝等险情，且操作易行，进度很快。

当年参加长江堵塞战的黄河老河工李建荣

此项绝技的创造者李建荣就在这支黄河河工队伍里。他14岁随父投身治河，在多年与黄河洪水打交道的实践中，发明了柳石混砸、桥下顺溜抛笼等多种抢险技术。在1935年黄河江苏坝抢险中，他于情势非常不利的情况下，首创“柳石混合滚厢法”用于抢险，为力保堤坝安然无恙，建立了奇功。

李建荣晚年向其孙李富中在地上草绘当时辗转长江各地的路线图

不过，他完全没有想到此时自己会来长江参加这样一场“塞江之战”。

许多年后，李建荣老人忆起当时紧张的施工情景，情绪依然十分激动。他说，那时他们栉风沐雨，辗转长江沿线，前后历时一年多。在水流湍急的江面上，采用黄河河工技术修建的每一处锁江工程，都坚强完好。尤其是江西马当要塞封锁线竣工后，冯玉祥将军还亲临工地视察验收，给予了很高的评价。回忆中，李建荣还非常沉重地说到，当时沉船时，江面上停满了大小船只，船上压着厚重的青石块和水泥墩，人们用碗口粗的麻绳将铁船、木船拴在一起，然后将船底凿穿，依次沉入江底。那一刻，许多船民由于生计断绝，哀号声不绝于耳，悲壮的场面令人极为感伤。

当年参加长江阻塞战的黄河老河工李建荣（左2）晚年与家人合影

然而，无论是黄河首席河官孔祥榕，还是身怀河工绝技的李建荣，他们更没有想到的是，全体将士拼死拼活亲手构筑的马当要塞防线，在经过一番血腥苦战之后，不久即不幸失守。正在异地作业的黄河员工，闻听此讯，无不悲伤万分，潸然泪下。

1938年6月29日，日军炸开马当要塞封锁线，疏通航道继续西侵。7月4日湖口陷落，7月26日九江失守，武汉门户洞开。10月25日日军占领武汉。这支黄河队伍亦随之撤回河南，从而结束了这场悲壮的长江阻塞战。

据记载，日军占领马当后，烧杀肆虐，大火持续了两天三夜，一度繁华热闹的马当小镇顷刻变得满目疮痍。

此次战后，马当要塞守军第十六军军长李蕴珩因疏于防范、作战不力受到军纪制裁。第一六七师师长薛蔚英因贻误战机被枪决，该师番号被撤销。

为建立马当要塞长江堵塞线，中国第一、第二舰队所属舰船全部自沉，从此中国当时最具战斗力的两支舰队不复存在……

二、“黄河督府”逃亡记

此时，黄河下游千里长堤，也是罹难重重，危机四伏。

这是1937年山东黄河的河防灾害记事录：

2月7日，山东长清宋家桥凌汛决口，口门宽150米；

进入伏秋大汛，7月26日，山东蒲台县正觉寺麻湾险工决口，决口口门宽2400米，导致蒲台、利津、博兴、广饶、寿光等县数百个村庄被淹，50余万人受灾，400余万亩农田被冲毁；

8月14日，长清宋家桥堤坝再次漫决，洪水淹及济南商埠、张庄机场和历城、章丘、齐东县的数百个村庄；

同日，利津甘草窝子堤防被扒开一处决口，三合村漏决；

12月中旬，齐河豆腐窝又出现一处人为扒口……

然而，眼下威胁最大的还是日寇铁蹄的步步逼近。

时序到了1938年入夏，日军大举进犯豫东，开封兵临城下，危在旦夕。鉴于形势紧急，当年5月黄河水利委员会机关被迫迁往洛阳。

与其说是搬迁，毋宁说是逃难。此时，最难受的莫过于黄河水利委员会委员长孔祥榕了。谁都知道，黄河防洪，重在下游。在黄河大汛将临的

开封失陷后，大批人员乘火车西迁逃难

节骨眼上，他非但不能坚守阵地，反而带着治河机构离开河防，落荒而逃。搁在平时，这就是极大的犯罪。可在战乱之际，这却成为不得已而为之的无奈选择。一种耻辱感、失落感，使他胸中强烈作痛。

熟读史书的孔祥榕，眼前仿佛浮现出一幕幕离乱逃亡的历史情景。

也许是他想到了唐玄宗李隆基的马嵬坡事变。“安史之乱”爆发后，唐国都长安即将陷落，李隆基危亡时刻仓惶出逃。途中，在陕西马嵬坡将士哗变，唐玄宗被迫缢死杨贵妃，待到叛乱平息，从蜀地成都返回长安，自己也失去了皇位。

他或是想起了宋高宗赵构离乱中的南迁。北宋靖康元年，金兵攻破北宋首都汴京，徽宗、钦宗二帝被掳，北宋灭亡。康王赵构在今河南商丘承继宋朝大统，在国破家亡的一片混乱中，几经辗转，历尽人间酸楚，最终迁都杭州，建立南宋。

20世纪初，慈禧太后和光绪皇帝两宫出逃的辛酸往事似乎就在眼前。1900年8月，八国联军以报复义和团运动为借口，对大清帝国发动侵略战争。当年8月14日，联军部队攻占北京天安门，继而进攻皇城东华门。惊骇至极的慈禧，携光绪皇帝、隆裕皇后等仓惶离京，从河北到山西，从黄河东岸到三秦大地，走上了漫漫逃亡之路。

……

毕竟，那些都是历史了。令孔祥榕极其痛心疾首的是，就在他带着治河机构刚到洛阳半个月，6月9日，黄河上就发生了黄河花园口掘堤扒口的惊天事件。

早在此前，孔祥榕听到筹谋决堤的传闻，他就极力表示反对，气得大骂说："河工世代修堤守堤，谁会自己动手去掘堤？告诉军事长官，谁他娘的决定放水，就自己动手扒去，我们黄河水利委员会的人谁敢伸伸手，动动铁锹，我就把他的爪子剁下来！"

然而，一场旷世惨祸还是降临了。噩耗传来，孔祥榕禁不住失声痛哭。他想到几年来在黄河上苦心经营，历经风雨，与治河员工共同奋战，总算使黄河未曾决口，可如今大河被人为掘堤夺流……

是啊，人非草木，孰能无情。尽管在旧中国官场体制里进进出出，身上沾满了不少传统积弊，但毕竟在黄河上经营这些年，何况这条"神河"在他心中的分量着实不轻。作为黄河首席河官，值此洪水滔滔南泛之际，怎能不让人感伤万分呢！

黄河花园口决堤7天后，孔祥榕即以病为由提出辞职。6月15日，国民政府令黄河水利委员会副委员长王郁骏继任其遗缺。

战争仍在不断升级。此时日军频繁出动飞机空袭洛阳，伴随着城内上空敌机隆隆作响，成吨的炸弹呼啸着落向地面，顿时燃起熊熊火光，战争恶魔甚至还投掷燃烧弹和毒气弹，许多居民和学生被炸死，无数房屋被炸毁。尖利的防空警报声，我军地面炮火的还击声，人们的惊恐喊叫声，交织在一起，城内一片混乱。随着日军一天天向西逼近，不久，黄河水利委员会机关又继续向西迁至西安。其所属的冀鲁豫三省河务机构也无一不是命运多舛。河北修防处因黄河改道南流移离该辖区而被撤销，山东修防处先后迁至湖北武汉、河南洛阳、陕西西安等地，河南黄河修防处亦因开封驻地战火蹂躏，从郏县到洛阳，又从洛阳搬至西安，除部分员工随机关迁移，大部分人员就地疏散。

当时从洛阳到西安乘火车只能走陇海铁路。因黄河北岸的晋南地区已陷敌手，日寇的飞机、大炮不停地向对岸的铁路狂轰滥炸，一时间，陇海铁路成了硝烟弥漫的战场。特别在山西风陵渡，日寇的炮火尤为猛烈，被称为陇海铁路线上的 “鬼门关”。火车行进到这里，必须提高速度飞快行驶，才能闯过这道炮弹横飞的“鬼门关”。

“家亡国破此身留，客馆春寒却似秋。雨里苦愁花事尽，窗前犹噪雀声啾。群心已惯经离乱，孤注方看博死休。袖手沉吟待天意，可堪空白五分头。”

著名教育家陈寅恪抗战时期写下的这首诗， 惆怅地抒发了当时山河破碎、民生凋敝的离乱心境。也就是在这种炮火连天的情势下，“黄河督府”及其属部员工完成了西迁大转移。

且说继任黄河水利委员会委员长的王郁骏。其人先后任黄河水利委员会秘书处主任、副委员长，几年来协助孔祥榕处理日常工作，颇为得力。主政黄河河务之后，他在洛阳遥控指挥，经办了一件值得称道的德政。

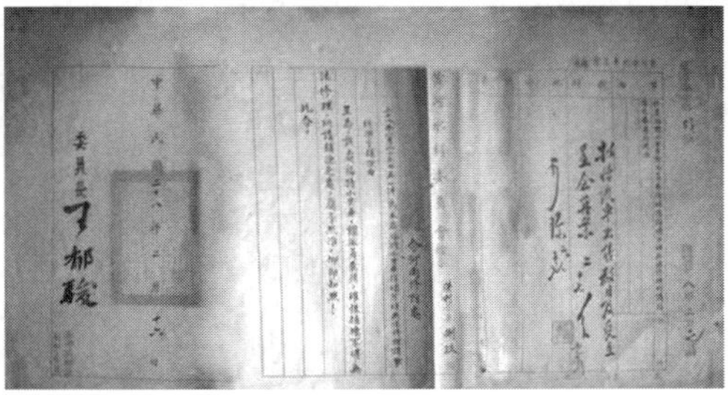

1939年继任黄河水利委员会委员长王郁骏签发的公函

花园口大堤扒开后，黄河突然改变流向，一下打乱了原来的河防部署。为了防止花园口口门继续扩大，尽量减少黄泛区洪水灾害，黄河水利委员会在决口现场设立了花园口裹头工程事务所，从1938年7月25日开始至10月上旬，用两个多月的时间突击抢筑了断堤两端的裹头工程，由河南黄河修防处南一总段负责管理保护。

可是，在战争年代，从来都没有孤立的河防。裹头工程修成不久，因当时日军不断在东坝头隔河向我军猛烈射击，而口门宽度只有380米，且地势东高西低，地形于中国军方不利。为了增加对抗能力，国军驻军决定削低东坝头，并计划将花园口决口口门再行扩大。

1939年3月，国军第20师120团派一个营渡河至东坝头，开始挑挖大沟。南一总段总段长苏冠军接到报告，遂至该团进行交涉，反复阐明裹头工程限制南流洪量、逼水东流、防止灾区灾情增大的重要作用，并说，如果赵口堵合后，洪水顺旧河道行走，还可冲毁日军正在河道内修筑的汴新铁路，军事上对我方也会产生有利一面。然而，不管怎样解释，军方拒不同意变更计划。眼看交涉无果，南一总段只好急电西安，请示对策。

接到电报，王郁骏立即赶往第一战区司令部洛阳驻地，与该战区司令长官卫立煌当面会商。此时卫立煌刚于两个月前升任第一战区司令长官，作战地区跨及六省，战区兵员114万人，战区幅员与拥兵人数为全国12个战区之最。在司令部，王郁骏就花园口东坝头目前掘堤情形，力陈可能出现的洪灾后果，终于说服了卫立煌，促使其下令停止扒口。

而王郁骏主政后办的另一件事，却一直为人诟病。原来他上任之后，把孔祥榕好不容易组建起来的4个工程队，一下子砍掉了3/4，工程队员亦由400余人缩减为100人。一大批技术精良、屡建功勋的老河工突遭裁减，不少人因失去生计，只得冒着生命危险返回沦陷区老家，使人深感痛心和失望。

不知是否与此事有关，1939年4月，王郁骏被突然宣布调离黄河，其后生活轨迹不详。与此同时，孔祥榕则官复原职，重新出任黄河水利委员会委员长。

此时，黄河水利委员会已迁到西安，敌机对这里的频繁轰炸亦十分疯狂。于是，“黄河督府”全员上下，听警报，钻防空洞，躲敌机轰炸成了家常便饭。敌机轰炸最猛烈的时候，西安市区大火连天，硝烟弥漫，房倒墙塌，一片瓦砾。马路上、门墙上、树梢上、电线杆上，处处可见被炸的尸体，血肉横飞，惨不忍睹！

孔祥榕复出后，立即电令驻守河防机构，把被缩编的老河工重新召了回来，除悉数恢复原4个工程队的建制外，又增设了一支抢修队。

靠着这支队伍，当年7月，修筑完成了黄河改道后的“下游新河防泛新堤”。对此，国民政府明令指出，河防就是国防，要求沿河险要之处均需修筑防御工事，工事修成后由河南黄河修防处接管。据此指令，孔祥榕电令河南黄河修防处把新堤分设3个修防段修守，每段设有工程、文书、会计三个职能科室，并专门建立一个工程队，常年驻守新修堤段，以利随时抢修堤坝及堵复决口。

尽管荣耀复出，东山再起，孔祥榕心中却总有一种“日薄西山，气息奄奄”之感。

1940年11月20日，在黄水南泛的战乱时局中，孔祥榕在西安操办了自己的51岁寿庆。

有几份当时的祝寿电报，颇耐人寻味。

电报之一，是黄河水利委员会本级发给西安各治河机构的，内称：顷接丁东科长电，值此宗圣（注：对孔祥榕的尊称）51岁寿诞之际，此间西安黄河水利委员会机关同仁商定略以礼物或礼卷籍志庆贺，并先订份金五种：“特”字不限定，“福”字20元，“禄”字16元，“寿”字8元，“喜”字4元。由各处主管人员转知同仁自由参加。

电报之二，是开封黄河河防一线工地发给黄河水利委员会机关的，文中称：西安萧主任并转丁科长贻仲兄钧鉴，宗圣51寿诞，开封尉氏抢堵会同仁，除“特”字以及在册的正式人员专送礼份外，计参加“福”字者有10人，参加“寿”字者18人，参加“喜”字者17人，共420元，由本会在应领工款内如数扣抵。

还有不少属下拍发的祝寿电报，均通过黄河专设电台拍发，并印有“特急”、“万急”等字样。由此可见，这次祝寿规模不小。

庆寿过后不久，1941年7月23日，孔祥榕于西安病逝，终年52岁。

至此，这位从山东曲阜走出来的孔府后裔，生逢乱世，饱读诗书，功过交织，写完了一段黄河恩怨史，也给自己的一生画上了句号。

故人已去，江河奔流。如今，后人只有从尘封的历史档案里，或是孔祥榕的遗著《修治永定河方略》、《续永定河方略》、《扬子江的疏浚方法》、《财政部所得税案牍汇编》等著述中，还能打捞到他当年的一些人生踪迹。

XUENINGCHANGHE

第三章

千秋功罪

一、为了不能失陷的“天堑”

1938年元旦，是抗战爆发后的第一个新年。在中国大地上，却完全没有那种万象更新的气象。山河破碎，敌军压境，炮声隆隆。战争的乌云笼罩在中华大地上空，也沉重地压在每一个中国人的心头。

1938年元旦刚过，蒋介石便再次来到黄河边。

这次不是北伐。面对势如洪水猛兽的日军，他的几十万军队连防御都做不到。“七七事变”后，北平、天津很快失陷，佟麟阁、赵登禹等壮烈殉国；“八一三”淞沪大抗战，悲壮惨烈，伤亡25万人，仍以上海沦陷告终；接着，首都南京陷落，日军在那里进行灭绝人性的大屠杀；在此前后，张家口、大同、包头、太原、石家庄、合肥、杭州……一大批重要城市落入敌手。不过短短半年时间，大片国土迅速失陷，泱泱中华只剩下半壁河山。搞得他不得不迁都重庆，坐镇临时陪都武汉指挥作战。

也不为“剿共”。由于国共合作共同抗日局面的确立，中共红军已被改为国民革命军第八路军，其第一一五师、一二〇师、一二九师分别挺进三晋大地，开赴抗日前线。在其他主要战场噩耗频频之时，倒是他昔日的对手、今日的友军传出佳音。林彪、聂荣臻指挥的第一一五师在平型关对日首战告捷，歼敌1000余人，缴获大批枪支、车辆。这一情况令国人振奋。为此，他特向朱德、彭德怀致电，说：“二十五日一战，歼敌如麻，足证官兵用命，深堪嘉慰。”

这次，他是要借国民政府军事会议之际，在黄河岸边演出一场“请君入瓮”的诱捕大戏。

黄河在开封城北滚滚东去，不过几百里，就是山东地面。常言说“兵败如山倒”。“天堑失守”更是兵家大忌！然而，韩复榘身为堂堂的第五战区副司令长官、陆军上将、第三集团军总司令、山东省政府主席，十几天前，竟然放弃黄河天险，不战而逃，致使济宁、泰安、济南等重要城市转眼间就被日军占领，以至于地处中原的开封，很快就成了作战前线。这种不顾军国大义、临阵脱逃之风，岂能容忍！想到这里，蒋介石不禁又骂了娘。

日军强渡山东黄河侵入济南

日前，蒋介石已亲自打电话要韩复榘到开封来开会。为了守住这个大河“天堑”，他决定狠下决心，给这位临阵脱逃之将施以军纪处罚。

韩复榘哪知是计，不听手下劝阻，1月10日从巨野启程来汴。

次日，国民政府军事会议开幕，蒋介石亲自主持会议，并作《抗战检讨与必胜要诀》的报告。会间，他铁青着脸，声色俱厉，强调指出，过去几个月的失败，主要是由于高级将领缺乏攻击精神，望风退却，步步后撤。首都南京失陷了，但中国政府要继续抗战下去。“抗日这个重大的责任，应该是我们每个将领义不容辞的责任，特别是高级将领，必须要有坚持抗战和为国牺牲的决心！”

说到这里，蒋介石两眼中的寒光直射向韩复榘，他提高了声音说：“可是，竟有这样一个高级将领，放弃山东黄河天险，违抗命令，连续失陷数座大城市，使日寇顺利进入山东，影响巨大。我问你韩主席，你不发一枪，从山东黄河北岸，一再向后撤退，继而放弃济南、泰安，使后方动摇，这个责任应该由谁来负责？”

令蒋介石没有想到的是，韩复榘竟然当即站起来，脸红脖子粗地反问道：“山东丢失，我有责任，可是南京丢失，算谁的责任？”

蒋介石气得浑身哆嗦，一时语塞，稍顷，一拍桌子厉声喊道：“我问的是山东，不是问南京！”

韩复榘还想反驳，坐在身边的刘峙已不由分说拉着他走出会议室边门。与此同时，一辆小轿车已经悄然开到面前。“请上车吧。”刘峙说。

及至韩复榘刚上车，车门外就有两个人毫不客气地进到车里，向他亮出一张逮捕令：“奉上峰的手谕，你已经被捕了。” 室内，会议接着进行。军事委员会对战略部署作了调整，决定巩固武汉核心基础，沿长江建立防御态势，北面保持道清铁路，东面保持津浦铁路，坚决制止日军可能夺取武汉的行动。

蒋介石与韩复榘早期合影

1月20日，国民政府军事委员会在武汉公布判决43个抗战不力的将领。其中，包括贻误战机、放弃守土的六十一军军长李服膺等8人被判死刑。其余，因指挥失当、作战不力的第九集团军副总司令香翰屏、第三十九军军长刘和鼎等35人，分别处以监禁处分等。与此同时，国民政府还对谢晋元、郝梦龄、佟麟阁、赵登禹等或壮烈殉国、或抗战有功的6位将领，给予追封与通令嘉奖。

1月24日，韩复榘在武汉被枪决。这是抗战以来被处死的最高级别的将领……一直追随蒋介石的韩复榘，因黄河失陷成了蒋介石的刀下鬼。

20天后，在山东黄河的上游河南郑州，又因“黄河天堑”发生悲怆一幕。这次是炸桥。

2月14 日，适逢传统的元宵节。一大早，中将师长蒋在珍就带着上尉作战参谋熊先煜来到郑州北郊黄河铁桥处的前敌指挥所。

突然，十余架涂有血红太阳旗的日军飞机，呼啸着从繁闹市区向黄河岸边袭来。随着一阵轰炸扫射，周围村庄，顿时房倒屋塌，烟火升腾，泥石飞溅，男女老幼呼叫着仓惶地向田野间奔去。目睹眼前百姓死伤惨重的情状，设防在这里的新八师官兵们，个个恨得咬牙切齿，纷纷呐喊着向师长要求请战。

蒋在珍满腹激愤，一股悲怆的热流从心头穿过。

他和他的新八师官兵，大部分都是贵州人。这次奉命从千里之外的黔北高原调防北上，本来都做好了攻炸碉堡、血染沙场的准备。不料这些天来，跟日本鬼子没怎么拼杀，倒鬼使神差似的，被调到这条千古大河身边，来执行炸毁黄河铁桥的任务！几天下来，勘察地形，构筑坑壕，布设炸药，防守演习……身为一员戎马战将，值此国难当头之际，不能直击倭寇，疆场杀敌，却要首先对着一座大河铁桥开祭，这注定是一场历史的悲剧啊!

2月15日，长官司令部再次来电：“鉴于战局骤变，在新乡一带阻止日军主力南下的宋哲元二十九军已向山西转移，日军随时可能南下直驱黄河北岸，进逼郑州，特命你们明日拂晓时炸桥！”

蒋在珍放下电话，一种千钧般的沉重压在肩上。指挥所窗外，狂风骤起，呼啸着掀起滚滚黄沙。蒋在珍和他的作战参谋熊先煜相对无言。良久，他心情沮丧地看看熊先煜：“熊参谋，实施计划的任务就交给你了，准备上桥吧。”

当年参与炸毁黄河铁桥的国民党军官熊先煜追忆当时情况

熊先煜，这个贵州正安山区走出来的穷苦农民的儿子，这个以甲等第一名考入贵阳中学的高才生，自1935年投笔从戎、勇赴国难以来，很长时间转战于这大河上下，他深知，这举世闻名的黄河大铁桥，对于积贫积弱的中国意味着什么，对于贯穿南北中国的平汉铁路又意味着什么。当晚，他彻夜未眠，在日记里写道：

“黄河铁桥计长一百孔，每孔约四十公尺，为世界伟大工程之一。方今倭寇侵略，在焦土抗战方针下，决定予以破坏，殊觉可惜！”“伟大的黄河铁桥，功在人民与国家，今天为了战略关系，不得不忍痛破坏，并由我来担负指挥监督工兵连执行爆破任务，这是谁也想不到的事啊！惋惜之余，唯祝愿抗战胜利，短期内把新黄河铁桥重新建造起来。”

漫天风尘，天空中出现了一丝熹微晨光。从新乡方向开来的最后一趟列车，徐徐驶入黄河铁桥。列车由闷罐、平板和客车混装组成，里面乘满了撤回南岸的铁路员工、家属，还有不少伤兵。大桥南岸，四周站满了如桩如林的军人，昏惨惨的桥灯照着一张张疲惫的面孔。列车走到桥端，火车司机猛然拉响了汽笛。这尖厉刺耳的汽笛声，嘶鸣在天地之间，揪心动魄，悲怆凄凉，像是为黄河大桥的慷慨赴难发出的一声声吼喊。

目睹眼前这一切，熊先煜突然感到这“哐当哐当”的沉重车轮，正在向他的心灵深处碾压过来，一种巨大的羞耻感汹涌而出，他不禁泪水盈眶，哭喊道：“弟兄们，这不是我们中国人的‘最后一课’啊！”

军人们积蓄已久的悲愤爆发了：“收复失地！还我河山！”

“杀死日本人！抗战到底！”

这吼声压过了狂风，盖住了涛声，久久回荡在大河两岸……

五时一刻，三发白色信号弹冉冉升起。随着震耳发聩的爆炸声此起彼伏，黄河铁桥顿时笼罩在滚滚的烟团火光之中。

有资料记载：由于桥体坚固、药力不足等多种原因，此次黄河铁桥大爆破很不顺利。为了保卫武汉大门，在蒋在珍“不惜一切代价，以决死战，有敢擅自后撤者，一律就地枪决”的严令监督下，整整进行了三天三夜，才使这座“钢铁长龙”骨架断解，几十个桥墩炸毁蛰水。

大桥处，七零八落，一片狼藉。

唯有桥头栏杆上的一块铁碑幸存，上书：“大清国铁路总公司建造京汉铁路，由比利时公司助工，工成之日，朝廷派太子少保、前工部左侍郎盛宣怀，一品顶戴署理商部左丞唐绍仪行告成典礼。谨镌以志，清光绪三十一年十月十六日。”

熊先煜默诵着这段碑文，心里像灌了铅一样的沉重。他怆然涕下，猛地对周围的官兵们痛呼道：“弟兄们，这是祖宗们留下的记功碑呀！可今天，这大桥却毁在了我们这些不孝子孙的手上！”

事后，熊先煜奉命拟有《爆破黄河铁桥记》一文，全文1200余字，其结尾处写道：“计自三十九孔至八十二孔的世界伟大工程之黄河铁桥，均遭严重破坏。徒留得残痕几许？念缔造之艰难，知修复之不易。爰摄斯影，以至不忘，日益坚我中华民族抗战到底之决心。”

一队日军正在修理被炸毁的郑州黄河铁桥

郑州铁桥桥毁路断，使长驱直入的日军在黄河天堑处南下受阻，华东战局稍有缓解。

两个月后，第五战区司令长官李宗仁指挥的台儿庄战役，经过一番浴血拼杀，共歼灭日寇第五、第十师团主力2万余人，传出了自抗战以来的最大捷报。蒋介石特派大员携专款赴前线犒赏三军，武汉三镇10万人集会，一时间，举国祝捷，国人为之一振。

然而，黄河天堑上那悲凄的一幕，却如刀刻火烙般，深深印记在中国军人的心中！

二、 神秘的“K作战”方案

残酷的战争仍在继续。

日本军队铁蹄侵华接连得手，极大地激发了日本军国主义武力征服的狂热欲望。此时的武汉，驻扎着中国国民政府机关大部分和军事统帅部，周边集结了百万军队，已成为全国抗战的政治、军事、经济调度的中枢。日本政府远征军总部预期，如若拿下武汉，中国将停止抵抗，整个中国将被征服。为此，日本天皇亲自召开御前会议，谋划迅速攻取武汉。

此间，台儿庄战役，中国军队毙伤日军约2万余人，捷报传来，犹如一道曙光，刺破黑色的天空，民族抗战士气为之一振。

随后，蒋介石乘胜扩大战果，将大量精锐部队调往徐州，摆出决战态势。5月初，徐州附近的中国军队已达60余万人。同时，胡宗南、桂永清、宋希濂等中央军主力也已聚集豫东的商丘、兰封一线，作为徐州的后援力量，保护陇海线。

5月11日晚，以精锐、快速著称的日军土肥原十四师团从河南濮阳的董口强渡黄河，抢滩南岸鲁西。日军的战略目的非常清楚，就是准备集合南北两路兵力，以徐州为中心对中国军队形成合围，在一马平川的黄淮海

台儿庄战役后，被装入骨灰盒的日军阵亡士兵被送回国内

大平原上，发挥装甲机械化部队优势，吃掉中国军队主力，然后拿下郑州，夺取中原，进而顺平汉铁路线南下占领武汉。

蒋介石闻讯如坐针毡，翌日一早，便乘一架小型客机在七架战斗机掩护下，从汉口机场向北方战场飞去。

到达河南的第三天，蒋介石又收到菏泽失守的消息。日军渡过黄河后，很快攻陷菏泽、郓城。国军师长李必蕃英勇战死，商震部一三九师奉令全师避战。于是，土肥原气焰更加嚣张，接着占领黄口车站，切断陇海铁路线，并沿陇海线南北两侧，继续向西扩展，包抄推进。鲁西、鲁南、苏北、淮北另一部主力则连克仪封等城镇，虎视开封，逐步形成对徐州的合围之势。其装甲部队锐气逼人，铁骑突进，锐不可当。5月19日，徐州失守。

回到武汉，在珞珈山寓所，蒋介石眉结跳动，腮帮紧绷，心情沉重。他抬起布满血丝的眼睛，目光投向墙上的一幅巨型军事地图，那上面，布满了红箭蓝矢，弯弓大弧，从徐州再往北看，有两条近乎平行的曲线，那是一条曲折迂回的河流。啊，黄河，千万年来，它孕育了华夏文明，给中

徐州失守后，日军坦克部队开进徐州

华民族的成长提供了天赐之利，也无数次给民众带来巨灾。此时，这条大河正宁静地酣眠在春梦之中，难道真的只有走这步险棋了吗？

深谙历史的蒋介石，对古今以水代兵的战例并不陌生，对于黄河决口造成的惨烈后果也不难预见。针对徐州会战的败退，国民党内汪精卫等反对派步步紧逼，要他检讨对日战略的重大失误。此时，若采用黄河拒敌之策，这是要承担“千夫所指”罪名的啊！

蒋介石目光里苦涩而凄凉，怔怔地盯着地图，良久，深深地叹了口气。

然而，数日后兰封会战的功败垂成，更使他怒火中烧，心绪难宁。

土肥原率2万人攻占菏泽后，孤军深入向豫东挺进。而豫东商丘、兰封一带十几万国军精锐之师，正扎好布袋阵势等着土肥原来钻。起初，中国军队确实是胜利在握，日军在层层围攻下损失惨重，土肥原本人几乎被俘，连天皇赏赐他的军刀也成为中方的战利品。第一战区司令长官程潜认为，以目前军事力量对比，“就是吃也能把土肥原吃掉”。这一情势，正合蒋介石之意。于是，迅即调集精兵强将，要求不惜代价歼灭土肥原师团。他给手下将领的谕令只有六个字：不成功，则成仁！

据此，驻守兰封的宋希濂第七十一军率先向土肥原部发起猛攻。对此，蒋介石仍不放心，他想到了日前主动请缨的第二十七军军长桂永清。这

兰封会战中交手的日军和国民党军队将领土肥原（左）和桂永清（右）

个黄埔门生，尽管刚猛有余、智谋不足，但毕竟在德国学过军事，所率军伍兵力精锐，装备精良，派他加入兰封会战，定会更增胜算。于是，蒋介石当即电令桂永清率部进驻兰封，甚至将宋希濂部最精锐的第八十八师也暂时划归桂指挥。

岂料志大才疏的桂永清，很快就让他的如意算盘落了空。

5月23日，土肥原发现本部被困开始实施突围，并把攻击的重点放在

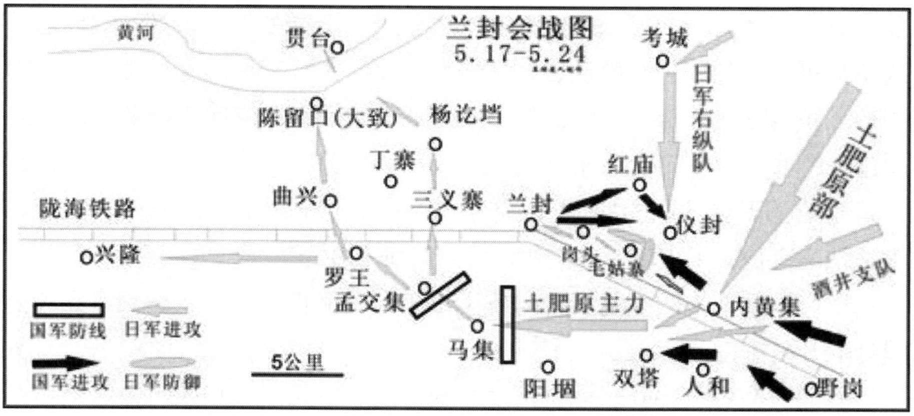

兰封会战图

兰封。日军步兵刚一冲锋，桂永清所部即如潮水一般溃败，副师长邱清泉麾下的战车营一溜烟驶离战场，往兰封以西逃窜，其德式装甲战车成了逃生利器。手下兵败如山倒，完全失去控制，桂永清只好跟着逃命而去。眼看着煮熟的鸭子飞走，急得第一战区司令长官程潜连忙调兵布阵，围攻土肥原。在兰封、三义寨、罗王寨、曲兴集一带经过一番激战，国军收复了兰封。

日军占领兰封

据此形势预计，再有两至三天，即可全歼土肥原。不料在这千钧一发之时，把守商丘的第八军黄杰以电台被炸失去联系为由，又不战而逃。致使日军十六师团突破商丘、亳州防线长驱西进，与被困的土肥原十四师团形成东西呼应之势，对国民党军队形成反包围。两支嫡系部队先后临阵脱逃，彻底打乱了蒋介石全歼土肥原的部署。此役，中国军队十五六万兵力，没能消灭土肥原的2万人，成为战争史上的千古笑柄。为此，蒋介石愤怒地下令枪决了弃守兰封的第八十八师师长龙慕韩。

土肥原重新占领兰封后，与日军十六师团汇合一处，立即向距此50公里处的开封进发。

战场前线告急！开封如若再失，郑州势必难保，一旦平汉铁路被日军控制，作为中国军事统帅部的武汉将危在旦夕……

一道无解的难题摆在蒋介石面前。连日来，徐州、商丘、兰封相继失守的严峻局面，使他宵衣旰食，愁肠百结，忧心如焚。他的目光在军事地图上反复游弋，最后又盯在那条沉沉一线的黄河上。

日军占领兰封，中国军队敢死队攀云梯登城墙，一度收复兰封

早在抗战爆发前的1935年，蒋介石的德国军事顾问法肯豪森陆军上将曾在一份《对日战略书》中说，如果中日开战，侵华日军将沿长江水道和平汉铁路夹击武汉，届时战局将陷入不可收拾的地步。为此这位德国人提出应急方案说，“一旦日军威胁开封、郑州，最后战线应为黄河，宜做有计划之人工泛滥”。据说，蒋介石当时看到这份文件猛地一惊，在上面重重划了一道红线，写下“最后抵抗线”五个字，并打上一个大问号。不久，德国法西斯与日本军国主义开始沆瀣一气，中德关系决裂，德国顾问团与法肯豪森撤离中国，该建议一直未再提及。

台儿庄大捷后，徐州会战炮声隆隆，时任中央政治学校教育长的陈果夫就提防日军决口黄河呈文进言：“惟黄河南岸千余里颇不易守，大汛时且恐敌以决堤制我。我如能取得武陟等县死守，则随时皆可以水反攻制敌。”耐人寻味的是，当时蒋介石在陈的报告上曾作批注“随时可以决口反攻”，但很快又用笔将此句划掉。

豫东会战期间，国民政府军委会办公厅副主任姚琮在给军令部次长熊斌的电报中明确提出：“黄河旧险地方在兰考考城以东中牟，倘施以决口工作……造成泛滥区域，可使日军行动困难，全局情势必将改观。”

军令部高级参谋何成璞的决堤建议更加具体，他说：“窃查黄河现届桃汛，考城以西尤以兰封曲折部冲力最猛，倘施工决口……使敌机械化部队失其效能，足以摧毁其战力。”

据说，冯玉祥、程潜、白崇禧、刘仲元、黄新吾、晏勋甫等人，当时都曾向蒋介石提出过类似建议。

……

1938年6月1日上午，武昌珞珈山中央会堂小会议室里，蒋介石紧急召开最高军事会议，军事委员会部院以上长官齐集一堂，主题是审议“K作战”方案，亦即决黄河以制敌方案。

作战厅长刘斐首先指着挂图，通报了当前严峻的战局形势。接着，蒋介石问武汉卫戍总司令部总司令陈诚：“如果集中全国可用船只车辆，实现武汉撤退需要多长时间？”

“最少十二个月。”陈诚答道。

蒋介石转而问参谋总长何应钦：“北方之敌最快多久可逼近武汉？”

“郑州若失，因有平汉铁路之便，华中基本无险可守，估计不超过一个月，敌军即可逼近武汉。” 何应钦犹豫片刻答道。

“那么，苏皖方向呢？”蒋介石再问。

“可御敌三个月。”何应钦答。

“若敌寇两面同时进攻，结果如何？”

“无法预料。”何应钦回答。

“倘若掘堤仍不能够阻敌，那又当如何！公等有万全之策吗？”蒋介石睥睨四周，阴沉着脸问道。

此时，整个会场像被冻结凝固一般，无人应声。于是，刘斐开始宣读事先拟订的作战部署方案：“为了我部安全转进，阻敌西犯，确保武汉会战的顺利实施，依据党政军各方领导多次建议，决定于郑州以西实施黄河决口，命第一战区司令长官部负责实施……”

与会者均无异议。在一片阴晦沉寂中，国民政府最高军事会议全体通过了“K作战”方案。

6月，千里之外的黄河南岸，正值麦收时节，辛勤劳作半年多的农民们，正在忙着收获麦季果实。然而，他们哪里知晓，一场巨大的灾难已悄然逼近。

三、赵口与花园口

1938年6月初，初夏子夜，闷热无风。黄河下游南岸的农村，已失去了往日的静谧，时远时近的枪炮声，不时将人们从睡梦中惊醒。

是夜，担负黄河南岸河防任务的第三十九军军长刘和鼎正为蒋介石亲自签署的一封急电而彻夜难眠。该电称："为了阻敌西进，确保武汉，决定于赵口和花园口两处施行黄河决口，构成平汉铁路东侧地区间的对东泛滥。赵口之决口由第三十九军担任，限两日完成。已另电洛阳第一战区程潜长官负责主持花园口的决口，由第五十三军万福麟部负责。两处决口由第三十九军统一指挥，并希接电报后即与程长官联系，接受指示，认真办理具报。"

参与黄河扒口的国民党第三十九军军长刘和鼎

一纸薄薄电文，如同一个灼烫的火团，刘和鼎惴惴不安地拿起看看又放下。他是安徽人，所率第三十九军改编之前为皖系部队，参加淞沪会战后奉命驻守豫东黄河南岸，亦称

“河防军”，按防区，归第二十集团军辖制。所谓河防军，顾名思义，就是守河御敌。可眼下“河防军”竟要变成“决河军”，更何况，刘和鼎的家乡安徽就位于黄河明清故道，黄河一旦破堤决口，洪水滔滔一路狂奔，没准儿家乡也成了一片汪洋。他实在转不过这个弯来。心想，委员长御敌无术，如今靠黄河来抗战了。想到家乡百姓将在洪水泛滥中挣扎，自己亦将成为历史罪人，刘和鼎心中既充满愤懑，又感到万般沉重。

此时，第一战区司令长官程潜也接到了蒋介石要求决黄河大堤的急电，军情似火，他立即交给第二十集团军执行。该集团军下辖第三十九军、第三十二军、第五十三军三个军，由四星上将商震任总司令，并兼任河南省政府主席、河防总司令。

商震接到命令，连夜即赶到中牟县境内的河防军驻地，就此项军务与刘和鼎商洽。看到刘和鼎带着一种异样情绪，商震开导他说：中原战局危在旦夕，中央不得已壮士断腕，下此决心。此事由程潜长官亲自督阵，我等若有闪失，谁也无法向中央交代……

刘和鼎刚送走商震，蒋介石的电话又接踵而至。话筒里简短问过执行情况后，突然加重了语气：“此举关系抗战大计和国家前途，任何行为都不是代表你自己，而是代表中华民国最高利益！”

刘和鼎汗水早已湿透衣背，心想，中央将此次黄河掘堤行动上升到如此高度。作为军人，只有服从命令硬着头皮去干了。于是，即刻派出一个团兵力星夜赶往赵口河堤。

6月4日晨，空旷郊野风雨如晦，赵口黄河大堤上熙来攘往，一处由几件雨衣搭建的“掘堤临时指挥部”依竿而立，格外醒目。此处河床比堤外地面高出2米左右，预计在这里决口后河水冲势较猛，容易泄流而下。

然而，刘和鼎完全没有想到，让黄河开口放水竟如此之难。该处河堤为历年砖石堆砌而成，十分坚固。刘和鼎这支部队经年南北奔袭，惯于打仗。而接手的这项特殊军务，一无得力机械，二无施工经验，完成任务难度极大。第一次掘堤，好不容易在堤南背河挖出一条口来，谁知等到再挖堤北临河时，刚挖开的背河口道，就被狂风卷来的沙土掩埋得只剩下一线沟壑，以至于挖通临河堤身引进河水后，仅见涓涓细流。情急之下，派工兵营用地雷轰炸，也仅炸开堤内临河一些砖石。过水效果依然不佳。

战局形势却不等人。上峰一个个电报电话像催命一般，蒋介石也从武昌亲自来电严令："这次决口有关国家民族命运，没有小的牺牲，哪有大的成就？在这紧要关头，必须打破一切顾虑，坚决地去干，克竟全功……"

次日，第三十九军加派兵力，轮番作业，倾力再战。一边扩展上次堤口，一边在下游不远处另开新路，以期形成两口合力，冲溃中间夹击之30米堤段。不料待到渠道深挖三尺，士兵们向最后几寸泥土石头发起进攻，眼看距汹涌澎湃的黄水夺口而出只有半步之遥时，却由于风向突变，黄河主流瞬间北移，方才还猛烈拍打河岸的洪水，骤然间消失得无影无踪。

6月5日，日寇以三个炮兵联队、几十架辆精良坦克组成的攻势，已突破中国守军的顽强抵抗，并踩着守城官兵的一具具尸体和鲜血，冲进开封城内！

开封失守，这距离郑州只有几十公里啊！

日军占据开封，郑州岌岌可危

“怎么搞的？今天如果不能泛滥，我几十万部队要丢掉的！一定要决口成功！一定要成功！”蒋介石在武昌寓所，双目圆瞪，怒气冲冲地猛烈拍打着沙发扶手。

6月7日，赵口决堤放水全告失败。望着北去的流水，苦干几日的官兵们，伸长着脖子，默默无语，一幅绝望与惆怅的神态。

面对敌军近在咫尺的逼人攻势，第二十集团军总司令商震异常焦灼，相继撤职查办掘堤不力的几个军官，当众枪毙抓回的逃兵之后，他把最后的希望寄托在距此不远驻守郑州的新编第八师，抓起电话直接问师长蒋在珍：“你能接替赵口扒口任务吗？”还未等回答，旋即以不容置疑的口气命令道：“掘堤放水，形势紧急，事关大局，你部要做好一切准备！”

命运，有时就像漩涡中的一朵浮萍。猝然之中，蒋在珍被裹挟着推向了黄河决堤的前台。

他率领的新编第八师由黔军改编而来，为“丙种师”，属于缺兵少将、装备落后的“杂牌军”。抗战以来，该部多次被派去执行“焦土抗战”任务。这年2月，为阻止日寇机械化部队侵入郑州，蒋在珍奉命率部炸毁了仅运行30余年的黄河铁桥，之后，负责西起黄河铁桥至马渡一线的河防任务，师部驻在京水镇。此前不久，新编第八师奉命正准备执行一项代号为“G”的任务，即一旦日军攻破郑州，立即放火焚城。

接到驰援决口的命令，蒋在珍赶到赵口，经过查勘，发现决堤进展不顺主要是工程计划不当所致。他立即与随行参谋熊先煜商量后认为，从地形河势上看，在自己防区内的马渡和花园口选择一处决堤，较为有利。而花园口距赵口26公里，距离较远，时间更从容些。于是，便向商震建议将新的决堤位置选在花园口。蒋介石接到商震的电话请示，当即发出口谕：“赵口掘堤失败原因待查，花园口决口务必成功。”要求蒋在珍立下军令状，三天内保证完成掘口放水任务。

当晚，蒋在珍即命熊先煜率工兵营营长会同黄河河工专家匆匆赶到花园口，勘察确定具体决口位置。

7日破晓，熊先煜等选定在花园口关帝庙以西约300米处为掘口地点。

此处为黄河弯曲部，河水至此受阻，冲力加大，容易溃坝。据熊先煜后来撰文回忆，当时他们一行选定决口位置后，进入关帝庙磕了几个响头，敬上香。熊先煜首先匍匐跪地，祷告道："关老爷，中华民族眼下遭了大难，被日本鬼子欺侮得惨。战场失利，万般无奈，只好放黄河水淹敌军，淹死了老百姓，请你宽恕。"说罢，众人于神像之下跪地而拜，潸然泪下。

1938年6 月，国民党军队正在扒决花园口黄河大堤

此前，蒋在珍已把花园口一带部分群众驱赶到5公里以外，将此地加强岗哨警戒，设为禁区。掘堤行动开始后，蒋在珍遴选800多名身强力壮的士兵，赤膊短裤，轮流上阵，日夜不停。各班、排、连一律以土方计量工效，超者奖，完不成者当场鞭笞，违令怠惰者，一律就地枪毙！为了加紧赶工，他把指挥部搬上大堤，亲自坐镇督导，并请来河工专家现场指导，制定"堤外挖滩，堤内打洞，凿坑开石，引水冲沙"的施工方案。同时，为防老百姓闻讯赶来干扰施工，蒋在珍命令政训处人员在外围分头设卡，并广为散布"日寇即将打来"的消息，极力动员村民外迁。

此时，日军步兵、骑兵、坦克在中牟已与国民党警戒部队接火，中牟很快失陷。国军第二十集团军的两个师退至白沙一线，西犯日军迅速推进。炮声越来越近，惶恐的情绪在人群中迅即蔓延开来。6月7日晚，郑州城内爆炸声此起彼伏，为防不测，国军已经着手破坏郑州火车站等重要设施，准备放弃郑州。

6月8日上午，武汉军事统帅部每隔不到一小时便打来电话询问掘堤进度。蒋在珍被催得心慌意乱，他顾不得行动保密，急忙扩招附近大量老百姓协助决堤。第一战区司令部也开足了悬赏筹码，参谋处长魏汝霖当众宣布：“如于当夜12时放水成功，奖法币两万元，如明日晨6时放水，奖赏一万元。”第一战区总司令部甚至送来白面、猪肉，派战地服务队歌舞伺候，前来慰问。

工地上，人来车往，喊声喧天，官兵和民工轮圆膀子，头顶烈日，挥镐舞锹；天空中，日军侦察机不时轰鸣掠过；河堤旁，国军军官拎着钱袋子，时刻准备重金发赏。鉴于花园口处的河堤尽为石材和灰浆凝结而成，十分坚固，单靠人力掘堤殊难奏效，蒋在珍吸取赵口掘堤教训，派员四处寻求支持，找到一些TNT新式烈性炸药，为决口成功增加了胜算。

6月9日清晨6时许，随着蒋在珍一声令下，导火索点燃，一束淡蓝色的火苗逶迤蛇行，快速向大堤伸延。一声震天动地的巨响后，大河长堤瞬间被撕开一道裂口，弥漫硝烟中河水夺路而出，口门逐渐扩展，直向东南方向汹涌奔去。

就在蒋在珍以为大功告成之时，谁知上游来水陡然萎缩，水位很快回落。蒋在珍身心俱疲，不禁喟然长叹：“人算不如天算，既然老天爷不帮忙，我徒呼奈何！”他草草下达了外围部队准备战斗的命令，返回师部，准备听天由命了。也巧，就在蒋在珍们感到山穷水尽之际，这天午夜，太平洋上空的暖湿气流挟着雷电狂风，飘然而至。黄河上游地区陡降暴雨，下游河道洪水猛涨。10日上午，蒋在珍闻讯跌跌撞撞地奔向大堤，只见黄河决口处洪水已呈滔滔之势。他急忙命炮兵将两门山炮推上大堤，对着决口处连发67炮。在炮击和洪流的双重作用下，黄河大堤发出声声低沉闷

花园口决口后一片汪洋

响，顷刻间堤身塌陷，决口迅速扩宽。

这一刻，国军新编第八师师长蒋在珍和官兵们百感交集，任凭雨水混着泪水从脸上不停滴落。他们在想什么，准备请功吗？不像，反倒像是在默默念叨着：自己亲手打开了黄河洪水这个潘多拉魔盒，一场惨重的人间浩劫将随之而来。天知道，何年何月才能将这魔盒收回！

一种历史负罪感，霍然袭上蒋在珍们的心头。

四、大河如盾，浩劫空前

花园口口门决堤后，随着黄河中上游普降暴雨，河水猛涨，洪水夺口而出向东南滚滚奔去。与此同时，被淤塞的赵口也被大水冲开。两股水流汇合漫溢，很快冲断陇海铁路，豫东的中牟、开封、尉氏、太康等地，一片汪洋。

突如其来的黄河洪水，使骄横跋扈的日寇惊恐万状，东奔西突，进退不得。怒涛所到之处，火炮、战车、弹药被淹不计其数。特别是其闪电式的机械化部队，陷于洪水泥淖之中，更是效力顿失，难以动弹。日军官兵被这陡然的变故惊呆了。首当其冲的日军第十四师团师团长土肥原脸色铁青，许久说不出话来。他焦急地吼道："怎么回事？怎么回事！"

这位生于军人世家的日本陆军大将，1913年来到中国开始从事间谍特务活动。他在华20余年间，密谋"九一八"事变，一手导演成立伪"满洲国"政权，1935年10月在北平策划"华北自治运动"，干下了许多分裂中国、侵略中国的罪恶勾当。1937年日本发动全面侵华战争，受任第十四师团师团长的土肥原奉命率部南进，横渡黄河，杀进开封，切断平汉铁路，意欲拿下郑州，直逼中国最高军事统帅部武汉。不料，就在他志在必得之

花园口决堤后，在黄河泛滥洪水中艰难行进的日军机械化部队

时，一桩自认为眼看就要到手的奇功，被黄河的狂涛巨澜冲得无影无踪。

伴随河水汹涌上涨，泛滥水域不断扩大。土肥原率领的第十四师团士兵，有的在树杈和高岗上等待救援，有些在漂浮的草屋顶上，如落叶般随洪水漩涡打转。有的士兵为避免被洪水冲散，紧紧拉着手，但依然难以抵挡滚滚而来的洪流。撤离到土丘上的土肥原，第一次领教了中国这条古老大河的厉害。他看着手下这般狼狈不堪的惨状，悻悻地叹了口气，无奈之下，命令师团所属步兵第四大队、野战炮兵第二大队、重炮兵第一大队全部后撤至中牟县城，加紧在县城四周修筑防水堤坝。后经外围3个师团的工兵部队紧急救援，才得以仓皇撤回开封以东。就是这位在黄河面前折戟沉沙的日本陆军大将，十年之后日本东京大审判中，以战犯身份被押上绞刑架。

随着湍急的浊流滚滚而来，进军途中的日军第十六师团近两万人，也被突降的洪水折断去路，身陷绝境，四顾茫茫。该团第30旅团指挥部半夜被洪水包围，树梢、房顶和高地上，爬满了浑身泥浆的士兵。两个步兵联队在惊慌失措中受到中国军队袭击，丢盔弃甲，损失惨重。在数十架战斗机、运输机连续空投食品、药物65.1吨，各路援军日夜兼程架桥修路的救助下，经过20多天长途绕行，艰难跋涉，才从黄河泛水的泥泞中脱身出逃。

日军第十六师团第20联队上等兵东史郎在他日后出版的《东史郎日记》中详细记述了他们失去联络、给养断绝的情形："这是一条因黄河决堤而重新形成的大河，士兵们死的死，伤的伤……走在我前面的士兵在夜色中过了河。渡过河之后，却不知该向哪个方向前进。最重要的是找不到食物，洪水又切断了前进后退的道路。一连过了好几天，粮食都没有送来。"

花园口决口后被黄河泛水围困的日军

第十六师团师团长、陆军中将中岛今朝吾，正是制造南京大屠杀的罪魁之一。他率领这支号称日军最精锐的部队，一路攻城掠地，连连得手，烧杀抢掠，疯狂肆虐，手上沾满了中国人民的鲜血。此时，面对从天而降的黄河水，这位战争狂人也乱了方寸。士兵的哀嚎，无际的水面，使他身心俱疲，对战争的前途感到黯然神伤起来。脱险后，他余悸未消地写给日本大本营一份《关于战争前景的意见》，内称："中国转引黄河之水，形成一种新的自然国境，把华北华东分让给日本。此际我国宜即收兵，转向建设皇道之国家奋勇迈进。"

6月28日，日军决定取消设在商丘的军事指挥机构，撤回徐州。次日，他们为其阵亡的"大和武士"举行了追悼会，会上称：在这次黄河决口后的战斗中，日军死亡达7452人。不过，这一说法曾遭到质疑，认为这应是日军两个师团徐州会战以来战死、伤病身亡的人员总数，而非直接死于洪水的人数。

黄河花园口决堤事件，在日本东京也引发了一场“地震”。日本防卫厅战史室编纂的日军侵华资料长编《大本营陆军部》摘译本中写道：“中国军队6月10日左右于郑州东北掘开黄河堤防，使黄河水向东南方向涌出，采取了水淹战术，淹没了广大沃野，形成了经中牟、尉氏、周口、阜阳连接淮河的大地障，给我军造成了极大困难。”日本军事大本营更认为，这次黄河决口事件，造成“七七事变”以来日军首次大溃败。华北派遣军有可能从此丧失全面进攻能力。为此，日本天皇在皇宫举行紧急御前会议，研究在华军事政治对策。会议被一种前所未有的悲凉气氛所笼罩，身穿制服的将领个个如丧考妣，全体内阁成员向满脸怒容的裕仁天皇叩头谢罪。

对于在绝望中血肉飞溅的中国军人而言，此时，咆哮的黄河如盾。

黄河决口后，一直被日军攻势压制的中国军队，从溃败的郁闷中缓过神儿来。第一战区的四个集团军奉武汉军事大本营之命，立即掉头向中牟、新郑、尉氏、通许、杞县、长葛、鄢陵、扶沟、太康等地的日寇展开全线反击，收复了部分失地。第三军团在尉氏县城歼灭日军第十六师团一部千余人。第三十二军、第三十九军组织起数支水面机动部队，围歼被洪水围困的日军。

中国军队趁黄河决口泛滥之机反击日军

4个月后，在大规模的武汉会战中，中国军队浴血奋战，以伤亡40余万人的代价毙伤日军近4万人，大大消耗了日军的有生力量。但最终仍未能挽回武汉失守的败局。1938年10月，国民政府与军事最高统帅部迁往“战时首都”重庆，而日军速战速决、企图逼迫中国政府屈服的战略也未能实现。武汉会战成为中国抗日战争进入战略相持阶段的重要转折点。

花园口决堤的冲击波，使日军大本营被迫改变沿平汉线进攻武汉的计划，从6月上旬至8月底重新集结，转从长江北岸西进。中国军队徐州主力成功突围，豫东战场局势缓解。第一战区、第五战区得以分别立足洛阳和老河口，为后来的武汉保卫战保存了实力。

此时，在黄河中游的晋陕峡谷，企图一举攻占陕西的日军，也被奔腾咆哮的黄河挡住了去路。

日本军方认为，陕西是中国的一块重要腹地，又是中共首脑机关所在地，打下陕西，是对中国抗战精神的致命一击，此后即可乘胜进军西南，配合南路大军，速战速决灭亡中国。就兵力而言，此时，共产党领导的八路军主力已开赴晋西北前线，关中地区的杨虎城部队主力也正在晋冀交界作战，陕西留守的中国部队只有1.6万人；而日军准备渡河西进的有5个师团、3个旅团，4万多人，加之空军、炮兵配合，因此日军以为攻取陕西，胜券在握，指日可待。

但是，当日军推进到黄河东岸，看到峡谷中奔腾咆哮的黄河，顿时惊恐失色。汹涌澎湃的河水，似从天而降，巨浪翻卷，吼声震动。于是，他们不得不停止前进的步伐，决定采用新的战法，先以空军对中方守军狂轰滥炸，抢占渡口，继而后续部队乘船迅速登陆，渡过黄河。

对此，中国抗日军民严阵以待，一面凭借山区中的坚固工事，集中火力，向敌船发动猛烈攻击，一面灵活迂回渡过黄河，从背后袭击日军，使其有前后夹击之虞，无法组织渡河。

从1938年到1939年底，日军从府谷、神木、佳县、吴堡、枣林坪、马头关、大庆关、潼关等渡口，发动20余次渡河战役，均以失败告终。黄河天险加上抗日军民的顽强抵抗，致使日军始终未能踏入陕西一步。

武汉会战后，抗日战争进入战略相持阶段。

……

然而，在黄河下游，花园口人为决口改道，洪水肆虐泛滥，带给广大民众的却是一场惨绝人寰的深重灾难。

黄河决堤改道后，洪水分两股狂奔漫泄。西路主流，自东南经新郑、中牟、尉氏、鄢陵、周口，沿颍河进入淮河，经安徽阜阳、四十里铺，直至正阳关。东路洪水经朱仙镇、陈留又分两支，先后注入涡河。东西两股黄水入淮河后，一路下泄至洪泽湖、高宝湖，导致苏北地区漫溢。黄水所到之处，千里沃野顿成泽国，河南、安徽、江苏三省境内形成了一个广袤的黄泛区。

由于当时黄河决堤属军事机密，民众没有任何防备，因此无数生灵惨遭涂炭，死伤极其严重。黄水泛滥中，有睡梦中淹死的，房屋倒塌砸死的，被急流卷去的，围困在水中饿死的，身陷淤泥丧生的，甚至有的全家

花园口决堤后日军改变路线进攻武汉地图

丧生，造成灭门绝户的惨景……

据国民政府行政院战后统计，此次花园口决堤酿成的黄河洪灾，波及豫、苏、皖三省44个县市，5.4万平方千米范围内遭受灭顶之灾，受灾人口1250万，89万人因洪水淹没、饥饿、瘟疫而命丧黄泉，390万人背井离乡，四处逃难。

黄水过后，上千万亩良田被冲成一片荒野，沙丘遍布，风沙四起，荒无人烟。由于黄水泥沙淤积，地面普遍淤高，泛区原有排水系统完全被破坏，导致河渠淤塞，沙湮良田，生态恶化。

河南是黄泛的重灾区，民国时期出版的《豫省灾况纪实》，记述了当时黄泛区的灾难惨状："堤防骤溃，洪流踵至，人畜无由逃避，尽逐波去；财物田庐，悉付流水。当时澎湃动地，呼号震天，其悲骇惨痛之状，实有未忍溯想。间多攀树登屋，浮木乘舟，以侥幸不死，因而仅保余生者，大都缺衣乏食，魄荡魂惊。其辗转外徙者，又以饥馁煎迫，疾病侵寻，往往横尸道路，填委沟壑……守舍不肯外逃的，更是迫于饥馑，无暇

黄河花园口决口大逃难

择食，每多以含毒野菜及观音粉争相充饥。草根树皮，亦被罗掘殆尽；食后面目浮肿，肌肤绽裂……因之卖儿鬻女，率缠号哭，难舍难分，更是司空见惯，寂寥泛区，荒凉惨苦，几疑非复人寰矣！”其悲惨凄凉情状，透穿史册，震惊人寰！

“家无家，粮无粮，刀尖上边度时光。”“政府扒开花园口，一担两筐往外走，人吃人，狗吃狗，老鼠饿得啃砖头。”很长时期内，一首首满含斑斑血泪的民谣在黄泛区广为流传。

一串串遗患无穷的恶果，永远铭刻着中国人民心头难以弥合的巨大创伤！

……

星转斗移，沧桑巨变。当年黄河决口改道的悲壮惨烈，已成为历史深处的记忆。然而，如今那矗立在花园口决堤处的纪念碑，黄泛区残留的处处沙丘遗迹，仍在时时警醒我们。那段悲壮惨烈的苦难，宣示了这样一个哲理：亡中华者必自亡！决黄河者必自决！

第四章

怒吼吧，黄河

一、笔端的冲天巨浪

1939年3月，莽莽苍苍的黄土高原，冰封未解，寒意犹浓。26岁的张光年躺在延安一间窑洞的病床上，眼前不停闪现着黄河奔腾激越的壮观情景，耳畔一直回响着黄河船夫铿锵有力、深沉悠长的号子声，不禁热血沸腾，心潮澎湃。

1913年11月，张光年出生于湖北省光华县一个市民家庭。他自幼聪明好学，尤爱旧体诗写作。青少年时期，开始接触《中国青年》、《楚光日报》、《共产主义问答》等进步书刊，从此走上追求光明之路。十五六岁时他在家乡一家书店当伙计，并与共产党地下党组织取得联系，以卖书作掩护，为党秘密传送情报，在严酷的斗争中加入中国共产党。不久由于斗争形势恶化，18岁的张光年走出家乡，到武昌中华大学求学。

在新的天地里，张光年眼界大开。在校期间，他孜孜求学，汲取进步思想营养，开始以笔名“光未然”进行剧目创作及发表诗歌，并先后担任秋声剧社社长、拓荒剧团团长。此间，目睹山河破碎、民不聊生的危亡时局，他创作了独幕剧《阿银姑娘》，该剧序歌《五月的鲜花》中这样写道：“五月的鲜花开遍了原野，鲜花掩盖着志士的鲜血。为了挽救这垂危的民族，他们曾顽强地抗战不歇……”悲愤交集的情怀，激荡迸发的诗句，热情赞颂了为国捐躯的抗日志士，鞭挞痛斥了屈膝投降的卖国行为。该诗歌由作曲家阎肃谱曲成为一首脍炙人口的爱国抒情歌曲，很快传遍大江南北。自此，22岁的张光年连同其笔名“光未然”也在全国文艺界崭露头角。

青年时期的张光年，开始以笔名“光未然”发表作品

抗战全面爆发后，张光年受党组织委派，来到上海开展抗日救亡运动，组织起“中国文艺者战地工作团”，以文艺为武器，呼唤民众团结御侮。

在上海，张光年的创作生涯迎来了一个影响深远的重要机遇。那是6月初的一天，他按通知到郊区的上海工学团驻地参加排练文艺节目。刚进院子，便隐约听到一阵深沉而悲愤的歌声，原来礼堂里正在排练他的作品《五月的鲜花》。团队中，一个英俊挺拔的青年指挥正全神贯注地指挥着排练，当时他还不知道，眼前这位指挥就是大名鼎鼎的音乐家冼星海。中间休息时，排练组织者把张光年从座位上拉起来，向大家介绍说：“这位就是《五月的鲜花》的词作者，青年诗人光未然！”排练场上，立刻响起一阵欢呼声。

听到光未然的名字，冼星海快步走上来，两双热手紧紧地握在一起。这一年，光未然23岁，冼星海30岁。

次日上午，张光年应邀到冼星海的寓所长谈，二人表达了强烈的合作愿望。张光年回忆说：“我们一见如故，冼星海是一位艺术上的兄长。当时，适逢上海各界筹备高尔基逝世周年纪念活动，那天临别时，他对我说，很希望我能写一首纪念高尔基的歌词，我欣然答应。”张光年连夜赶工，很快创作出了《高尔基纪念歌》，冼星海遂为之谱曲，成为两人诗章与乐章的第一次融合。

淞沪会战后，张光年返回武汉，任国民政府军委会政治部第三厅中共特支干事会干事，在周恩来领导下，以拓荒剧团为基础，吸收上海、北平等地的流亡学生，组成“中华全国戏剧界抗敌协会话剧第三队”，进行戏剧、歌咏演出活动。这一时期，他陆续创作了《新中国》、《新时代的歌手》、《拓荒歌》等歌词诗作，并与冼星海再度合作，在交往中，二人结下了深厚的友谊。

1938年10月，鉴于武汉战局形势日益险峻，受党组织委派，张光年率领演剧队从武汉出发，辗转至陕西宜川县，准备渡过黄河奔赴晋西南吕梁山区进行抗日宣传演出。

这是他生平第一次过黄河。在壶口瀑布，张光年目睹黄河汹涌奔腾的澎湃气势与怒涛声威，聆听那冲天巨浪在红日照耀下发出电闪雷鸣般的咆哮，看到黄河船夫们与狂风恶浪英勇搏斗的情景，他的灵魂被攫住了，心弦被拨动了，激情被点燃了。后来，他在回忆这次经历时说："这第一次渡过黄河的体验，对于我，对于演剧队的全体同志，都是终生难忘的。就是那次壶口瀑布的感受，使我开始产生了为黄河而创作的冲动。"

正在这时，张光年得知武汉沦陷的消息，想着那块使他成长为一名革命战士的热土，正在遭受日军的疯狂蹂躏，他心痛得如刀剜一般，更加坚定了抗日救亡的决心。此间，剧社在吕梁山区演出时，张光年不慎从马上摔下，左臂骨折，组织上决定将他送往延安治疗。于是，张光年躺在担架上再次渡过黄河，西驱数百公里，来到革命圣地延安。

到达延安，躺在窑洞医院里的张光年，想到抗日将士共赴国难、浴血沙场的英勇精神，想到全国民众风起云涌的救亡图存，胸中如黄河巨浪翻腾跌宕。张光年再也躺不住了，他从病床上一跃而起，一头扎进了创作。

抗战时期，大批中华优秀儿女奔赴延安，汇入抗日救国洪流

博大精深、流云悲壮的黄河精神，为他的创作注入了奔涌不竭的源泉。他想，黄河是中华民族的象征，如今，全民族惨遭日寇蹂躏，在这国家存

亡的危急关头，我们这个民族不正需要黄河不屈不挠、万众一心、勇往直前、奋起抗争的精神吗！

古往今来，灿若繁星的黄河诗歌，具有独特艺术风格的黄河民谣，为张光年的创作提供了丰富的营养。

这些诗歌民谣，有的表现黄河雄浑壮阔、奔腾咆哮的气势，歌咏黄河博大胸怀与昂扬精神，如李白的“黄河之水天上来，奔流到海不复回”，“黄河西来决昆仑，咆哮万里触龙门”，王之涣的“黄河远上白云间，一片孤城万仞山”，刘禹锡的“九曲黄河万里沙，浪涛风波自天涯”等；有的借描写黄河风物景象，寄托政治抱负，抒发人生情怀，反映当时的社会现实，如王安石《我欲往沧海》、《河北民》，苏轼《河复》，范成大《渐水》，萨都剌《朝发黄河即事》等；有的以记述黄河水患险情与灾民惨状为背景，反映黄河两岸百姓啼饥号寒、徭役沉重的悲惨生活，表达人民对社会黑暗统治的愤怨，如查慎行《治河谣》、张縻《筑堤谣》、何式《河决中牟》、刘迎《河防行》等。新文化运动以来有关黄河的新体诗，如郭沫若《黄河与扬子江的对话》、《洪水时代》中，“黄河之水几日清，人的生命几时完？”“中华民族的血泪，已排成黄河、扬子江般的赤流”、“我若不把洪水治平，我怎奈天下的苍生”等情感激昂、内涵丰富的诗句，对于此时张光年的创作，也都产生了深刻的思想启发和艺术影响。

第一天，他写完《黄河船夫曲》。“咳哟！划哟…… 乌云啊，遮满天！波涛啊，高如山！冷风啊，扑上脸！浪花啊，打进船！咳哟！划哟…… 伙伴啊，睁开眼！舵手啊，把住腕！当心啊，别偷懒！拼命啊，莫胆寒！……不怕那千丈波浪高如山！不怕那千丈波浪高如山！行船好比上火线， 团结一心冲上前！……”一幅借黄河船夫勇战惊涛骇浪、鼓舞人们不畏艰险、奔赴战场的画面跃然纸上。

次日，张光年接着完成了《黄河颂》，诗中写道：“我站在高山之巅，望黄河滚滚，奔向东南。金涛澎湃，掀起万丈狂澜；浊流宛转，结成九曲连环；从昆仑山下，奔向黄海之边；把中原大地，劈成南北两面。啊，黄河！你是中华民族的摇篮！五千年的古国文化，从你这发源；多少

奔腾咆哮的黄河壶口瀑布

英雄的故事，在你的身边扮演！啊，黄河！你是伟大坚强，像一个巨人，出现在亚洲平原之上，用你那英雄的体魄筑成我们民族的屏障。啊，黄河！你一泻万丈，浩浩荡荡，向南北两岸伸出千万条铁的臂膀。我们民族的伟大精神，将要在你的哺育下发扬滋长！……”

在接下来的几天里，《黄河之水天上来》、《河边对口曲》、《黄水谣》、《黄河怨》、《保卫黄河》、《怒吼吧，黄河》，一组又一组饱蘸深情、壮怀激烈的长诗，如黄河壶口瀑布般的巨浪喷涌而出。

创作期间，已于上年抵达延安的冼星海闻讯，专程赶到医院看望张光年。亲切交谈中，二人商定再度词曲合作，张光年吸取冼星海的建议，决定把正在创作的这部原定总题目为《黄河吟》的长诗，改名为《黄河大合唱》。

五天后，一部400余行、八种曲式组合的宏篇巨制《黄河大合唱》诞生了！

“黄河之水天上来，排山倒海，汹涌澎湃，奔腾叫啸，使人肝胆破裂！它是中国的大动脉，在它的周身，奔流着民族的热血……

“啊，黄河！你抚育着我们民族的成长……但你从没有看见，敌人的残暴，如同今天这般；也从来没有看见，黄帝的子孙像今天这样，开始了全国动员……

“黄水奔流向东方，河流万里长……自从鬼子来，百姓遭了殃！奸淫烧杀，一片凄凉；扶老携幼，四处逃亡；丢掉了爹娘，回不了家乡……

“狂风啊，你不要叫喊！乌云啊，你不要躲闪，黄河的水啊，你不要呜咽！今晚，我要投在你的怀中，洗清我的千重愁来万重冤……

“风在吼，马在叫，黄河在咆哮！河西山冈万丈高，河东河北，高粱熟了，万山丛中，抗日英雄真不少！青纱帐里，游击健儿逞英豪！端起了土枪洋枪，挥动着大刀长矛，保卫家乡！保卫黄河！保卫华北！保卫全中国！……怒吼吧，黄河！掀起你的怒涛，你的狂叫！向着全世界的人民，发出战斗的警号！誓死同把国土保！……”

这部组诗，采用象征手法，以诗朗诵、合唱、齐唱、独唱、对唱、轮唱、道白等多样形式，形象刻画了万里黄河汹涌澎湃、奔腾跌宕的豪迈气势；深刻揭示了黄河容纳百川、百折不挠的博大襟怀和精神气质；热情赞美了中华文明源远流长的悠久历史；真切描绘了日寇铁蹄蹂躏下，华夏同胞妻离子散、天各一方的悲惨情景。字里行间，如泣如诉，铿锵有力，气势磅礴，强烈抒发了面对国仇家恨，全国人民不屈不挠、同仇敌忾、誓与来犯之敌血战到底的坚强意志，发出了“保卫家乡，保卫黄河，保卫全中国”的战斗呐喊！

是的，悠悠时空中，还没有哪条河流像黄河这样，如此深远地影响着中华民族。她塑造了华夏儿女一往无前、开拓进取的坚强意志，熔铸了炎黄子孙生生不息、坚韧不拔的抗争精神。此刻，在诗人笔下，黄河拍天巨浪更化作救亡图存、共赴国难的战斗决绝。志士生命的壮烈，漫漫长路的跋涉，必将唤起国人为国家而战、为人民而战、为民族而战的壮志豪情！

二、旋律，激流，号角

就在张光年沉心创作之时，在延安另一座窑洞里的一架钢琴上，旋律与曲调凝成的巨浪也在激荡翻卷。

冼星海，时年34岁，鲁迅文学艺术学院音乐系主任。1905年6月13日他出生在澳门一个贫苦渔民家庭。出生那天晚上，天上繁星倒映在波光粼粼的海面，于是母亲给他起了“星海”这个名字。然而，他的幼年生活却远非其名字那么浪漫美好。就在他出生前半年，父亲在一次出海时遇难。从此，冼星海伴随母亲的辛勤劳作和祖父忧伤绵长的竹箫声，一天天长大。6岁时，冼星海随母亲侨居马来西亚，靠母亲帮佣养家糊口进入一所半工半读学校。小小年纪的他，学习勤奋，广泛涉猎，并开始接触乐器训练，从而踏上音乐启蒙之路。

人民音乐家冼星海

1918年，冼星海随母亲回国，就读于广州岭南大学附中，后升入岭南大学。1926～1928年，先后考入北京大学音乐传习所、上海国立音乐专科学院，主修小提琴与钢琴，演奏技能日趋成熟，后在上海参加学潮被迫退学，在海轮上做锅炉工。1929年7月，冼星海用自己积攒的路费，赴法国勤工俭学，谋求音乐深造。两年后，他以优异成绩考入巴黎音乐学院高级作曲班，成为该班几十年来第一个中国学生。在巴黎，他靠在餐馆、理发店做杂役等维持生计，生活异常拮据，几次晕倒在塞纳河畔，险些被法国警方送进陈尸所。在十分艰困的条件下，他以自己的人生体验为素材，创作了《风》、《游子吟》、《d小调小提琴奏鸣曲》等十余部作品。

1935年春，冼星海学成回国。面对日寇的疯狂侵略，他怀着强烈的爱国热忱，积极投身抗战歌曲创作和救亡活动。几年间，相继谱写了《救国军歌》、《保卫卢沟桥》、《女性的呐喊》、《抗战先锋歌》、《热血》、《黄河之恋》、《国防军歌》、《我们不怕流血》、《江南三月》等大量抗日救亡歌曲，并为电影《壮志凌云》、《青年进行曲》，话剧《复活》、《大雷雨》作曲。他的作品，或慷慨悲歌，或纯朴清新，或痛切呼号，从不同侧面反映了人物的现实遭遇和悲怆感受，流动着撼人心魄的节奏旋律，焕发出催人出征的战斗力量。许多爱国学生和老百姓，一边唱他谱写的歌一边流泪。

冼星海与鲁迅艺术学院学生在延安

1938年11月，应鲁迅文学艺术学院邀请，冼星海出任该院音乐系主任，遂和夫人钱韵玲一起抵达延安。在这块革命热土上，他一边为抗战精心培育艺术人才，一边以更加高涨的热情进行音乐创作。《在太行山上》、《军民进行曲》、《到敌人后方去》、《生产运动大合唱》……一部部脍炙人口的作品，一个个具有不同个性特征的音乐形象，表现了抗日根据地军民丰富的内心世界，极大地鼓舞了人们为民族自由而战的胜利信心。1939年6月，他光荣加入了中国共产党。

在延安，冼星海与张光年再度重逢，两位志同道合的老友彼此深感欣慰。当听到张光年讲述身临黄河壶口瀑布时心灵的震撼，黄河纤夫搏激流、战恶浪的壮烈情景，又听到他介绍关于黄河组诗的创作构想时，冼星海眼前浮现出了一幅幅中华民族在苦难中不屈抗争，浴血奋战，追求民族解放的生动画面……这不也正是他渴望创作的重大题材吗？他当即表示愿与张光年再度合作，并催其抓紧完成词稿。

几天后，在一个宽敞的窑洞里，张光年拿着刚刚脱稿的《黄河大合唱》歌词，以清晰、激昂的声音为大家朗诵。随着400多行诗句层层升华，步步推进，冼星海的心弦也在激烈跳动。当最后一句“向着全世界劳动的人民，发出战斗的警号”朗诵完结时，顿时，雷鸣般的掌声震颤了整个窑洞。冼星海眼含热泪，仿佛瞬间找到了旋律共鸣，猛然冲过去抢过诗稿，紧紧握着张光年的手，激动地面向众人大声说：“我有把握把这部组诗谱好！”

冼星海迅即全身心地投入到这部大合唱的音乐创作。此间，他一遍遍地请张光年及其剧社战友描述渡过黄河的壮景，详细了解吕梁山根据地的战地生活，请他们反复哼唱船工号子，模仿黄河纤夫的动作……九曲黄河的博大情怀，中华民族五千年的悠久历史文化，亿万同胞妻离子散、家破人亡的悲惨情景，抗日战场上浴血奋战的英勇场面，一串串生动鲜活的音乐元素，在他激荡起伏的胸中，在黑白相间的琴键上，奔涌，跳跃，奔涌，跳跃……

半个多月后，冼星海完成了大型音乐作品《黄河大合唱》。这部演奏作品，根据序曲、8个乐章及配乐诗朗诵的不同内容，精心配置曲式，或深远悠扬，或哀怨低吟，或舒缓沉着，或铿锵豪迈，整首歌曲以具有冲击力的节奏、挺拔高昂的旋律和抒情含蕴的音调，热烈赞美了黄河生生不息、威武豪壮的奔腾气势，悲愤控诉了日寇犯我国土、蹂躏中国人民的侵略暴行，倾情表达了亿万同胞保家卫国、不屈抗争的坚强意志和必胜信念……

这年5月11日，在庆祝鲁迅文学艺术学院成立一周年晚会上，词曲合成后的《黄河大合唱》在延安陕北公学礼堂首次公演，毛泽东、刘少奇等中共中央领导同志和1000多位观众观看演出。台上，百余名合唱团团员，个个精神饱满，引颈高歌。冼星海身着灰布军装，脚穿草鞋，亲任乐队指挥。当时整个延安只有几把小提琴，其他只有二胡、三弦、笛子等民间乐器。冼星海拿来煤油桶做成低音乐器，又把学生就餐用的勺子放进大搪瓷缸内奋力猛摇，以此模拟黄河浪涛的奔腾呼啸。其间，演至《保卫黄河》乐章时，冼星海侧身转向观众，带领全场高唱："保卫家乡！保卫黄河！保卫华北！保卫全中国！"台上台下歌声一片，现场气氛达到了高潮。当最后一个声部"怒吼吧，黄河！"落下的一刹那，全场沸腾了！

冼星海在延安指挥鲁迅艺术学院学生演唱《黄河大合唱》

毛泽东坐在观众席上，不停地和着歌曲节拍鼓掌，高兴地连声说"好！好！好！"演出结束后，毛泽东特地接见了冼星海，并将国际友人赠送的一支派克钢笔和一瓶墨水转赠给冼星海，深情勉励他说："希望你为人民创作更多更好的音乐作品。"

此次公演之后，在延安的各种集会上，《黄河大合唱》一演再演，合唱团亦由100人增加到500人。当年7月，周恩来从重庆回到延安，观看了气势恢宏的《黄河大合唱》，音乐会结束后，为冼星海亲笔题词："为抗战发出怒吼，为大众谱出呼声！"

黄河大合唱歌词乐谱

《黄河大合唱》很快传遍全国各地，它吹响了爱国救亡的战斗号角，激励着热血青年奔赴战场前线。当时有报纸评论：“一曲大合唱，可顶十万毛瑟枪。”

此后，每逢历史关键时刻，这部如天际滚雷轰响的民族壮歌，都被推上前台，唱出中华民族的心声。抗战胜利后，1945年10月毛主席赴重庆谈判，《黄河大合唱》首次响彻雾都山城，在各界人士中引起强烈反响；1949年10月24日在庆祝联合国成立大会上，美国黑人歌唱家保罗·罗伯逊用英语演唱了《黄河大合唱》中的《黄河颂》，把这旷世之作推向了全世界。

严良堃，从17岁开始指挥《黄河大合唱》，共计演出上千场的指挥家，谈起冼星海与《黄河大合唱》，不尽感慨地说：“冼星海是一位杰出的人民音乐家，他有着不懈的奋斗意志，伟大的创造精神和不屈的民族灵魂。《黄河大合唱》之所以影响深远，历久弥坚，在于它充分表达了中华民族反抗日寇的不屈精神、坚强决心和必胜信念，在于它以浑厚的歌声与音乐，使中华民族近代以来饱受欺凌的愤怒得以解脱，成为唤醒民族奋起抗争的号角，在于它一方面植入黄河船夫号子、浓郁乡土民间音调等民族音乐精华，同时借鉴欧洲艺术技巧，成为中西结合、造诣高深、雅俗共赏、撼人心魄的时代精品。它不仅在抗战时期喊出民族呼声，而且在不同历史时期，‘勿忘苦难，心存危机’，对中华民族都具有巨大的精神激励和警醒意义。”

然而，令人感伤的是，《黄河大合唱》曲作者冼星海却没能看到这部伟大作品辉煌壮丽的续章。

1940年5月，根据党的指示，冼星海赴苏联为大型纪录片《延安与八路军》配乐。临行前，毛泽东于百忙中在家中为其饯行。到苏联不久，卫国战争爆发，他因战乱和交通阻隔难以回国，辗转流落在哈萨克斯坦。

"我的音乐，要献给祖国，献给劳动人民大众，为挽救民族危机服务。""中华民族的解放胜利，就是要每一个国民贡献他纯洁的爱国之心。"在这段时间里，冼星海写下这些话语时时激励自己，又寄托着对祖国魂牵梦绕的思念之情。为了歌颂世界反法西斯战争和中国人民抗日战争，他继续以音乐为武器，创作了《民族解放》、《神圣之战》、管弦乐交响组曲《满江红》、《中国狂想曲》、哈萨克英雄交响诗《阿曼盖尔德》等新的作品，并撰写了《论中国的民族音乐形式》、《民歌与中国新音乐》等论著。由于长期劳累和营养不良，积劳成疾，致使肺病加重。1945年10月，年仅40岁的冼星海病逝于莫斯科，一颗刚毅坚韧、自强不息的中华民族音乐巨星訇然殒落。

噩耗传来，人们悲伤叹惜，哀思绵绵。延安各界为他隆重举行了追悼会，毛泽东亲笔题词"为人民的音乐家冼星海致哀"。

……

57年后，2002年1月28日，《黄河大合唱》词作者、一代诗人光未然（张光年笔名）在北京逝世，终年89岁，他的骨灰洒在川流不息的黄河中。

冼星海走了，光未然也走了。然而，他们身后留下的旷世巨作《黄河大合唱》，作为记录中华民族奋起抗争的音乐史诗，永远镌刻在人们心中，并继续为中华民族伟大复兴注入源源不竭的精神动力。

三、诗歌的战斗力量

毛泽东曾说过，一首抗日歌曲抵得上两个师的兵力。

抗战历史的进程证明的确如此。如同《黄河大合唱》一样，在中华民族危亡的紧要关头，一大批抗战歌曲从不同生活侧面，运用各种音乐形式，喊出了中国人民压在心底的愤怒吼声，化作全民族抗战的狂飙怒潮，成为宣传抗日主张、鼓舞军民士气、凝聚各方力量、英勇抗击日寇的有力武器。

1936年上海市区民众举行《义勇军进行曲》等抗战歌曲演唱会

1936年6月7日，上海南区公共体育场，一位名叫刘良模的青年站在高凳上，双手挥动，情绪激昂，指挥着5000多名上海民众，齐声高唱《义勇军进行曲》。“起来，不愿做奴隶的人们，把我们的血肉，筑成我们新的长城。中华民族到了，最危险的时候，每个人被迫发出最后的吼声……”激昂的歌声，悲壮的旋律，震撼了每个人的心灵，连持枪前来维持秩序的警察也流着热泪参与了合唱。

这是上海民众歌咏会组织开展的群众抗日救亡歌咏大会。

“九一八”事变之后，随着民族危机的加深，人民群众救亡图存的呼声日益壮大，“歌为心声”的抗日救亡歌咏运动被推向高潮。在此期间，上海成立的歌咏团体达60余个。由聂耳、萧声、张曙、任光等组织的音乐小组，先后创作了《开矿歌》、《渔光曲》、《大路歌》、《毕业歌》等数十首革命歌曲。歌曲立意鲜明，语言通俗生动，风格明快有力，唱出了劳苦大众的痛苦、愤怒和抗争，表达了人们不当亡国奴、奋起救国的斗争精神。

著名的《义勇军进行曲》即诞生于这一时期。

这首歌曲是诗人田汉作词、作曲家聂耳谱曲，于1934年为电影《风云儿女》创作的主题歌。影片描写了20世纪30年代初几位中国知识分子为拯救祖国，投笔从戎，参加义勇军英勇杀敌的故事。《义勇军进行曲》词曲完美结合，情感浓烈，以雷霆万钧般的气势，表现了中华民族不屈不挠的斗争精神。作品中的长城、炮火、吼声、前进的身影，构成了一幅中华民族全民抗战的壮烈图景。它一经诞生，马上在全国传唱开来，成为当时动员民众奋起抗战的嘹亮号角。后来，这首诞生于民族危难时刻的歌曲被定为中华人民共和国国歌，永久载入辉煌的史册。

聂耳与田汉创作的《义勇军进行曲》图谱封面

聂耳在创作中

比《义勇军进行曲》稍早些的《大刀进行曲》，取材于长城抗战。1933年春，东北军在热河战败，为顶住长城防线，国民革命军第二十九军奉命防守喜峰口。战斗中，敌我短兵相接，展开白刃战，第二十九军大刀队的将士手舞大刀，奋力冲杀，使众多鬼子兵死于刀下，我军大获全胜，守住了阵地。该歌曲以急促铿锵的节奏，生动鲜活的画面，再现了中国将士英勇杀敌的战斗情景，深深感染了广大民众。1937年7月7日卢沟桥事变后，该歌的第二句由原来“二十九军的弟兄们”改为“全国爱国的同胞们”，使其更具有广泛性，极大地鼓舞了全国军民的士气。

同一时期，张寒晖作词作曲的《松花江上》，表现了日寇侵略东北后人民流离失所的悲惨景象。“我的家在东北松花江上，那里有森林煤矿。还有那满山遍野的大豆高粱。我的家在东北松花江上，那里有我的同胞，还有那衰老的爹娘。九一八，九一八，从那个悲惨的时候，脱离了我的家乡，抛弃了那无尽的宝藏，流浪 流浪……”这首兼具倾诉性、抒情性的歌曲，以环回萦绕、反复咏唱的音乐形式，倾吐出了东北军民有家不能归、有仇不能报的悲愤呼号。该歌曲先在西安学生中唱起，后流传至东北军，迅速风靡长城内外。它与作者的另一首《流亡曲》及刘雪庵创作的《复仇曲》，被并称为“抗战流亡三部曲”。1936年西安事变爆发前后，西安全城处处响起《松花江上》悲怨的歌声，东北军官兵声泪俱下，心中升起枪口对外、团结抗日的强烈共鸣。

“黄河之滨，集合着一群中华民族优秀的子孙。人类解放，救国的责任，全靠我们自己来担承……”黄土高原延河岸边传来的一阵阵歌声，荡漾的是敌后抗战的战斗气息。

抗日战争全面爆发后，在中国共产党抗日主张的感召下，一批又一批热血青年，怀着为民族解放而战的使命担当，奔向革命圣地延安。“万重山，难又险，仰望圣地上青天。延安路上人如潮，青年男女浪涛涛。”延安抗日军政大学学员王云风《奔向延安》的诗句，形象地反映了当时的这一盛景。

成立于1938年4月的延安鲁迅艺术学院，作为抗战文学艺术创作的另一主战场，在“抗日的现实主义、革命的浪漫主义”方针指导下，先后培养出了穆青、贺敬之、冯牧、李焕之、郑律成、刘炽、王昆、时乐蒙等680多位文学艺术人才，创作出《白毛女》、《南泥湾》、《团结就是力量》、《地道战》等400余部反映抗战的民族声乐作品。

在这块热土上，继《黄河大合唱》之后，冼星海与桂涛声合作的《在太行山上》，以抒情性和进行曲相结合的艺术手法，生动地刻画了出没在高山密林、机智勇敢的游击队员形象，洋溢着抗日根据地军民的革命激情与浪漫主义情怀。冼星海与赵启海合作的《到敌人后方去》，鲜明刻画了抗日军民乐观豪迈的性格，成为毛泽东《论持久战》抗日战争战略思想的形象表述。

鲁迅文学艺术学院女学生莫耶作词、音乐指导郑律成作曲的《延安颂》如此唱道，“夕阳照耀着山头的塔影，月色映照着河边的流萤，春风吹遍了坦平的原野，群山结成了坚固的围屏。啊！延安！你这庄严雄伟的古城，到处传遍了抗战的歌声……”以优美的词句、妩媚的旋律，倾注了对革命圣地由衷的赞美，表达了人们向往延安、热爱延安的真挚情感。抗战时期，无数革命志士唱着它奔赴延安，又从延安走向各个抗日战场。

“向前！向前！向前！我们的队伍向太阳，脚踏着祖国的大地，背负着民族的希望……从无畏惧，绝不屈服，永远抵抗，直到把日寇逐出国境，自由的旗帜高高飘扬……”1939年10月，郑律成与抗大学员、诗人公木合作创作的《八路军进行曲》，表现了中国共产党领导的抗日武装不畏艰险、不怕牺牲、浴血疆场、英勇抗敌的历史画卷，展现出人民军队雄壮豪迈、一往无前、摧枯拉朽的气势和力量。后来，歌词经调整后，改名为《中国人民解放军进行曲》。49年后的1988年，经中共中央批准《中国人民解放军进行曲》被颁布定为中国人民解放军军歌。

这些耳熟能详的抗战歌曲，无论何时唱起都令人热血沸腾，群情振奋。它们振奋了中国军民的抗战热情，活跃了抗日根据地军民的文化生活，为抗日战争的胜利做出了重要贡献，产生了深远的影响。

诗歌与歌曲，是一对孪生姐妹。有些诗歌本身就是歌词，有些诗歌则

老舍长诗《剑北篇》初版书

适合吟咏朗诵，同样产生出深邃的思想光芒和动人的艺术魅力。

著名作家老舍的长诗《剑北篇》被誉为抗战诗坛的代表作之一。1939年6月至12月，老舍作为中华全国文艺界抗敌协会战地慰劳团成员，赴西北八省慰问抗日将士。他们从重庆出发，出剑阁，到西安，入潼关，转河南，又延伸至西北数省，历时165天，行程两万里。沿途所见，深为各地军民众志成城的抗日决心和英勇壮举所感染。老舍将这次难忘的经历，化作一部3661行的抒情长诗。在诗中，老舍以节拍紧凑、响亮上口的民族艺术风格，描绘出了一幅幅全民抗战的动人画卷："一路上，车声炮响，并掩不住抗战的歌唱：在城镇，在塞外，在村庄，中华儿女都高唱着奋起救亡；用头颅与热血保证希望，今日的长城建在人心上……怒狮吼落东亚的残阳，惊雷给风暴以更大的激荡！" 当时的《新华日报》、《大公报》、《抗战文艺》等报刊先后发表长诗的部分章节，在全国产生了极大反响。

全面抗战开始后，一些抗日将领在戎马倥偬中，也写下了许多饱蘸激情的战斗诗篇。朱德的《出太行》写道：" 群峰壁立太行头，天险黄河一望收。两岸烽烟红似火，此行当可慰同仇。"他的另一首诗《赠友人》："北华收复赖群雄，猛士如云唱大风，自信挥戈能退日，河山依旧战旗红。"托物寄情的诗句，深刻表达了将军抗日的决心和信心。时任中共中央军委参谋长的叶剑英读到朱总司令的诗后，兴致所至，立即和诗一首："将军莫唱大刀头，沦陷河山寸寸收，勒马太行烟雾外，伊谁与我唱同仇。"两位抗日将领，抒怀唱和，鼓舞军心，一时传为佳话。

1938年6月，粟裕奉命率新四军先遣队渡江东进，打响新四军江南抗战第一枪，一举取得韦岗大捷，大杀了日军的嚣张气焰，极大地振奋了抗日军心。陈毅将军闻听捷报，欣喜之际即兴题诗《韦岗初战》致贺："弯弓射日到江南，终夜喧呼敌胆寒。镇江城下初遭遇，脱手斩得小楼兰。"八年抗战中，能文能武的陈毅写有诗词38首，记载了抗战历程的战斗情怀，郭沫若曾诗赞誉这位儒将曰："一柱江南百战身，将军本色是诗人。"

抗战期间，一些爱国将领与民主人士也写出了不少表达民族情感的抗战诗歌。著名爱国抗日将领吉鸿昌被国民党复兴社特务逮捕，在北平监狱英勇就义前留下的《就义诗》："恨不抗日死，留作今日羞。国破尚如此，我何惜此头！"寥寥几笔，将个人命运同国家和民族的危难自觉地联系在一起，体现出了一个革命者的博大胸怀和强烈的民族责任感。另一位爱国将领续范亭参观西湖岳飞墓写下"堂堂庙貌接忠坟，民族英雄盖世勋；东海狂潮响霹雳，而今谁是岳家军？"以此作为自励。全面抗战爆发后，这位将军与共产党人合作创建山西新军，奋力打击日寇，以实际行动回答了诗中"而今谁是岳家军"的设问。

抗战诗歌表现的另一个主要内容是，中国共产党领导的各个抗日根据地人民武装斗争和民主政权建设。八年抗战期间，中国共产党的抗日主张与抗战中的中流砥柱作用，通过大量歌曲、诗歌的形象表达与广泛传播，更加深入人心，由此推动了广大人民群众的政治认同，得到了社会各阶层人士空前的拥护和支持，成为中国共产党在人民心目中的一块精神高地。

如今，那炮火连天的烽火年代已经远去，但是那些代表着中华民族之魂的抗日歌曲与诗歌，将与凝聚着血与火的中国抗战史，彪炳千秋，代代相传。

X U E N I N G C H A N G H E

第五章 另一场战争

一、东洋人的开发黄河梦

“是何种动机使这些顶尖级日本专家走近中国的黄河的？”

“当时那些日本人兴师动众，搞出了什么样的成果？他们费尽心思研究出来的成果后来结局如何？”……

当我们搜寻抗日战争中的黄河记忆时，活跃的思维经常会跳出血与火的沙场，提出这样一些似乎匪夷所思的问题。

烧杀掠抢铁蹄侵进的日本军队

我们首先从一位名叫富永正义的日本专家身上找到了切入点。

富永正义，由于第二次世界大战结束前夕一部分机密材料被销毁，关于他的身世，人们已经无法深知其详。作为专业技术人士，也许他比那些生性残忍、嗜好战争的军人，会少些“武士道”的血腥之气。但完全可以肯定，就全心全意支持大和民族向中国开战，极力主张向中华大地扩张这一主旨来说，他和他们的军人毫无二致。

毋庸置疑，对于那个空间狭小、资源匮乏的岛国来说，他们始终坚持认为，战争能给他们带来更多的机会。“九一八”事变之后，日本继侵占中国东北地区全部富饶的土地后，又占领华北、华中、华南大半河山，控制了几乎所有的工矿企业。面对中国大片疆土接连得手，在大日本帝国内阁看来，征服中华民族指日可待，为了长期控制中国，进而吞食整个亚洲，日本当局决定把战略目光投向中国的资源开发。

战争转向相持阶段后，日本侵略者调整了侵华战略方针。军事上，基本停止大规模的正面进攻，以巩固占领区为主；政治上，以诱降为主，扶植和强化占领区傀儡政权，企图逼使中国政府妥协投降；而在经济上，则贯彻“以战养战”策略，加紧掠夺中国经济资源，大肆抢夺占领区资财，统制金融，掠夺工矿资源和农副产品。在这场经济战争中，黄河水利水电资源开发成为日本侵略者极为看重的一件珍宝。

富永正义就是这时走近黄河的。

1939年3月，以黄河治理开发等为研究对象的东亚研究所第二调查（黄河）委员会成立。在这个庞大机构中，设立有北支（华北）、蒙疆（长城以北地区）及日本内地3个地区委员会及16个专门部会。3个地区委员会下设政治、经济、治水、防洪、农林渔业、水力发电、交通航运等14个专业。专门部会中，第一至第六部会，分别负责研究社会经济、防洪、农田水利、电力供给及工业用水、交通运输、气象等，几乎包括了所有与黄河相关的内容。第二调查（黄河）委员会由日本建设总署技监、工学博士三浦七郎担任委员长，其成员，集合日本国内外各方面的专家、教授竟多达289人！

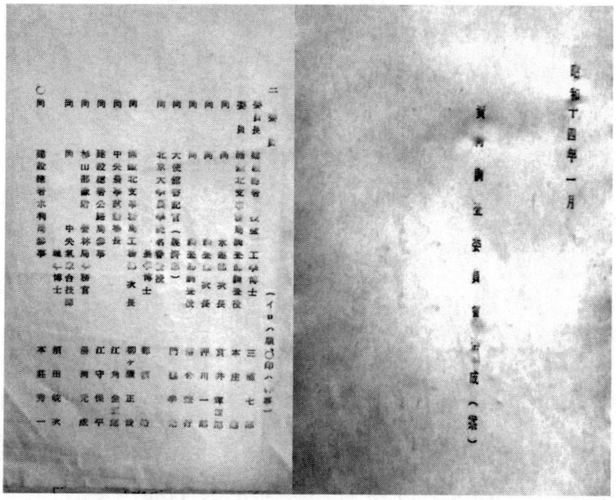
昭和十四年一月
黄河調査委員會構成（案）

日本出版的书籍刊载日本东亚研究所第二调查（黄河）委员会组成名单（局部）

富永正义正是北支（华北）地区委员会的主要头目，一场看不见烽火硝烟的侵华战争，就这样开了头。

悲哉！两千多年来，蒙昧落后的大和民族吸收华夏民族文化精华，融合衍变进化，最终脱离野蛮，走向文明，然而他们近代工业领先后，却反目成仇，觊觎中国的贪婪欲望日益膨胀，直至顿生亡我中华之心。1927年，田中内阁在给日本天皇的奏折提出，“惟欲征服中国，必先征服满蒙，如欲征服世界，必先征服中国”，赤裸裸地表明了企图吞并中国、称霸世界的野心。

为此，长期以来，日本人极力收集掌握中华大地上山脉、河流、矿产等数据资料，马不停蹄地做着经略中国的功课。对于中华民族母亲河的黄河，他们自然不会放过。他们深深懂得，古往今来，黄河与中国国势、国运有密切的关系，要长期占领中国，就不能不研究黄河，进而控制黄河流域资源。

为了赢得这场黄河资源开发之战，日本人处心积虑，做了多方面的准备。1935年12月，日本对黄河下游至河口河段进行航空摄影，历经三年，完成10幅比例为三万分之一的《黄河线集成写真》地形地貌图。接着，他们须臾未停，又对黄河中下游开封至山西河曲河段进行航拍，完成《黄河线罗峪口至龙王庙集成写真》24幅同比例地图。花园口决口改道后，又于1939年抓紧时机对形成的黄河下游新河道及黄泛区，再次进行航空摄影，取名《黄河线孟津至洪泽湖集成写真》。三幅地图均为精细装帧，镶嵌而成，可见对此的珍视程度。

日本出版的《大黄河》图集

关于日本人地图测绘的精度，从二战结束后陕西韩城一位市民收藏的6幅地图中，即能看出当时日本人的测绘技术水平。这些地图分别清晰可见地描绘了陕西省三原、泾阳等县境内道路、山川、村落、河流的地形地貌，甚至连巷道、涝池、水井、窑洞都标识得详尽无遗。最早的一幅为1914年所测绘，那是为1937年全面侵华战争爆发的23年前。于是，人们不禁会问，以当时卫星等先进技术尚未出现的条件，日本人是如何准确标注这些地物的？为了实现这一目的，他们花费了多少人力，采用了多少诡秘而恶劣的手段？这不能不激起中国人对日寇侵略扩张卑劣行径更深层面的痛恨。

此时，一衣带水的历史缘源，实力深厚的汉文化基础，长期积累的技术资料，使得富永正义们研究黄河竟是那样得心应手。

从1939年3月到1944年6月的五年间，富永正义率领的北支（华北）地区委员会，从宁蒙河段到晋陕峡谷，从豫西山区到下游两岸，查勘河道、测绘地形、调查情况、整编资料、潜心设计，清水河、天桥、碛口、禹门口、三门峡、八里胡同、小浪底……黄河中游两岸处处留下了这些专家型侵略者的足迹。随着惨烈战争的持续演进，富永正义们脚下的步伐明显加快。

与此同时，日寇扶植的伪华北政务委员会也设立了黄河黄土调查委员会。这些卖身求荣的民族败类，编绘收集黄河《河工图谱》、新旧河工堤坝护岸工程图谱、《北支那黄土层分布图》、《河北省聚落等密度线图》等多达161幅，并编写了10余万字的《黄河历史研究》，从社会历史角度探讨了国家安危、政治兴废、时局变化与黄河治理的关系，为日本侵略者开发利用黄河水资源提供依据。

通过多种途径，富永正义等日本专家整理出黄河中下游占领区各种文献汇编、调查报告、规划设计研究报告193件，发表多学科综合性文献达1400多万字。

在这些文献资料的支撑下，一部多学科综合性的东亚研究所《第二调查（黄河）委员会综合报告书》（简称《报告书》），如虎狼一般豁然出笼。

该《报告书》，直接涉及黄河治理开发的内容就有73万字。

关于黄河下游河道流路，《报告书》通过对西汉时期、明清时期等历

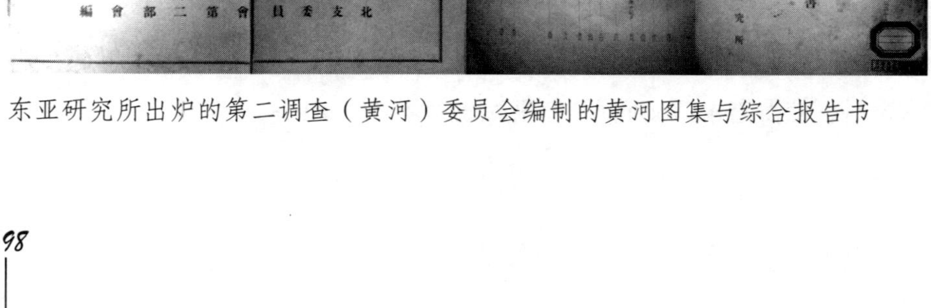

东亚研究所出炉的第二调查（黄河）委员会编制的黄河图集与综合报告书

史上黄河故道寿命的比较分析，主张恢复1938年6月花园口决堤改道之前的下游河道。

关于下游防洪，《报告书》中提出，应采取拦洪、排洪、分流等措施，综合解决。在三门峡、八里胡同、小浪底三处修建水库大坝，通过拦蓄洪水，调控下泄流量，将实测估算黄河陕县站最大洪峰流量为30000立方米每秒减至20000立方米每秒；利用平汉铁路桥至陶城铺河段的宽堤距滞洪蓄洪，削减洪峰；在陶城铺至齐河段通过整理河道，加固堤防，提高河道的排泄能力；齐河以下通过增设分水闸、另开分洪通道，分流洪水，排泄入海。同时进行加固堤防、整治河槽及河口流路，以保证黄河安澜。

关于航运交通，《报告书》计划建设3条大的航道，发展以黄河为中心的华北内河航运。其一是黄河下游河道，利用上中游水库调蓄水量，自孟津至利津通汽船；其二是利用卫河和运河航道，从黄河、沁河补水，自修武、新乡、临清、德州而达天津；其三是整理黄河下游东南流路，自花园口经周口、正阳关、凤台、怀远、蚌埠、洪泽湖、高邮湖与大运河汇合，沟通长江水运。

开发水力发电，是日本侵略者研究的重点。对此，他们研究编制的《黄河治理开发梯级方案》中提出，在黄河干流内蒙古清水河至河南小浪底河段，选择天桥、碛口、禹门口、三门峡、八里胡同、小浪底等20余处坝址，择机开工建设，以保证能源供应。

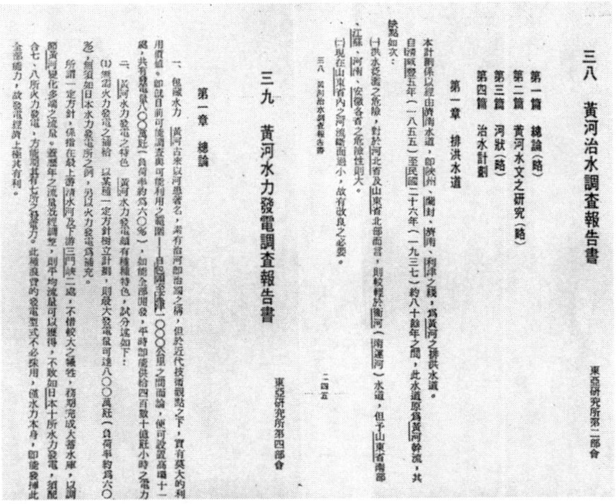

三八　黃河治水調查報告書　東亞研究所第二部會

第一篇　總論（略）
第二篇　黃河水文之研究（略）
第三篇　河狀（略）
第四篇　治水計劃

第一章　排洪水道

本計劃係以經由濟南水道，即陝州、開封、濟南、利津之綫，爲黃河之排洪水道。

自清咸豐五年（一八五五）至民國二十六年（一九三七）約八十餘年之間，此水道原爲黃河幹流，其缺點如次：

㈠洪水泛濫之危險，對於河北省及山東省北部而言，則較輕於衛河（南運河）水道，但予山東省南部、江蘇、河南、安徽各省之危險性則大。

㈡現在山東省內之河流斷面過小，故有改良之必要。

三八　黃河治水調查報告書　二四五

三九　黃河水力發電調查報告書　東亞研究所第四部會

第一章　總論

一、包藏水力　黃河古來以河患著名，素有治河即治國之稱，但於近代技術觀點之下，實有莫大的利用價值。即就目前可能調查與可能利用之範圍——自包頭至孟津一〇〇〇公里之間而論，便可設置高壩十一處，共有發電量八〇〇萬瓩（負荷率約爲六〇%），如能全部開發，平時即能供給四百數十億瓩小時之電力。

二、黃河水力發電之特色　黃河水力發電頗有種種特色，試分述如下：

⑴無需火力發電之補給　以某種一定方針樹立計劃，則最大發電量可達八〇〇萬瓩（負荷率約爲六〇%），無須如日本水力發電所之例，另以火力發電爲補充。

所謂一定方針，係指在最上游清水河及下游三門峽二處，不惜較大之犧牲，務期完成大蓄水庫，以調節黃河變化多端之流量。[illegible]年之流量既經調整，則平均流量可以獲得，不致如日本十所水力發電，須配合七、八所火力發電，方能期其有七成之發電力。此種浪費的發電型式不必採用，復以水力本身，即能發揮此全部能力，故發電經濟上極其有利。

日军侵华期间编制的《黄河治水调查报告书》中译本

关于根治黄河，《报告书》认为：过去数千年来，黄河泛滥，最根本、最重大的原因，是黄土的特性及地上植物的丧失所生成的举世无比的输沙量，若对这种巨大的输沙量无法解除，则各种治水方策将都难持久。因此，主张在黄土高原地区大量植树造林，把防治土壤侵蚀、控制泥沙下泄、涵养水源、调节洪流作为黄河治本最重要的任务。

《报告书》对黄河流域的农业、渔业开发也进行了分析研究。甚至还预测，“许多年后，华北城市及工业供水可能出现紧张局面”，因此主张推行“井渠结合”的灌排体系，减少黄河水资源利用总量，以保证黄河水能持续供给。半个多世纪后的20世纪90年代，黄河水资源严重紧缺，下游河道频繁断流，竟使他们这一预测谶语成真。

1942年下半年，随着日军在太平洋战争中相继受挫，为了挽回败局，确保战争物资供应，日本变本加厉地榨取中国沦陷区的资源财力，对黄河的研究也加快了节奏。

1943年8月21日，日伪政权设计的引黄济卫灌溉工程正式开工建设。根据规划，为扩大卫河航运能力，并灌溉农田28万亩，该工程计划在京汉铁路桥以西黄河北岸大堤上修建5座涵闸，设计引黄流量40立方米每秒。

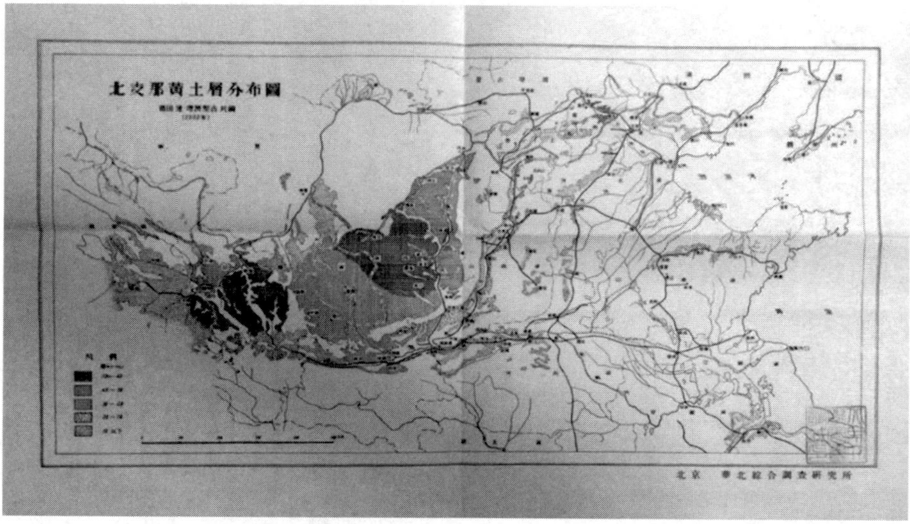

伪华北政务委员会编印的北支那黄土层分布图

总干渠由黄河大堤经何营、忠义、亢村、小冀等地至新乡入卫河，当年年底完成总干渠开挖。渠首闸工程动工后，采用沉箱法作业，因遇流沙而一度停工。

然而，黄河毕竟是黄河。作为世界上最为复杂难治的河流，这条大河充满着不尽的玄机与变数，绝非急功近利短时期所能为。直至二战结束，这些东洋人的黄河研究计划也未能全部完成。1945年8月15日，日本宣布无条件投降，该项研究随之草草收场。他们编制的《第二调查（黄河）委员会综合报告书》，属于政治经济方面的“极秘”内容，日本投降前已被销毁；属于自然经济、工程技术类的研究成果，由于国民党政府的主要精力聚焦在战后国内军事部署，不重视文献收集，致使相当一部分成果散失。至于日伪政权组织施工的引黄济卫总干渠建筑物及灌溉配套工程，亦随之宣告终止。

伴随战争狂人导演的恶魔惨剧落下血腥大幕，日本侵略者裹带着狂暴激情编织的另一场战争——黄河开发梦，彻底破灭了。

二、古峡如血

在日本东亚研究所第二调查（黄河）委员会的综合报告书中，一部完整的《黄河三门峡发电计划》，以其显要的地位格外引人瞩目。

三门峡是黄河中游的一个著名峡谷。黄河冲出晋陕峡谷，受华山阻挡折身东流。行进到豫陕交界处，汹涌的河水被峡谷中陡峭峻拔的两座小岛裁成三股，如同从三道石门中飞流穿过。古人将其分别称为“人门”、“神门”、“鬼门”，三门峡即由此得名。此处，洪流颠狂，漩涡翻腾，乱石崩云，惊涛裂岸，古往今来，曾使多少人葬身峡谷激流，又令多少人望而生畏，心惊胆寒!

进入现代文明社会，在水利专家眼中，这里却是一处难得的优良坝址。几年前，一位名叫安立森的美国人就发现了这座“黄河水电宝藏”。这位早年毕业于美国密歇根大学土木工程系的中年人，34岁时来华帮办水利，担任国民政府黄河水利委员会测绘组主任工程师。此间，他赴黄河孟津至陕县段查勘后，在一份题为《用拦洪水库控制黄河洪水的可能性》的报告中，首次提出了修建三门峡拦洪水库的建议，报告称：“距陕州12公里有激流名曰三门，可以建设水库，为防洪及防沙之用。此处位于黄河中

黄河三门峡原貌

游的下段，控制黄河流域面积占全流域的91.5%，控制89%的黄河水量、98%的来沙量；此处河道狭窄、水深流急、落差大，便于形成大库容水库，大量发电；且峡谷地质条件优越，实为一处上佳坝址。”修建三门峡工程的重要性第一次正式公布于众。

这在当时中国承袭单一筑堤防洪的氛围中，不啻于吹进了一股新鲜的清风。在华期间，安立森还多次到黄土高原、黄河入海口进行实地考察，写出《黄河口视察报告》、《黄河流域土壤冲刷之制止》等数十篇治河论文，并以副总工程师身份参与主持了黄河董庄决口堵复等工作。为此，中国政府特地为这位来自大洋彼岸的中年专家授予一枚“中国五等采玉水利勋章”。

然而，在那个政局动荡、战争连绵的年代，安立森憧憬的“三门峡小夜曲”，注定是一个遥远的梦。

但他万万没料到，接替他延续三门峡旧梦的竟是一帮发动战争的“东洋鬼子兵”。

1939年至1942年的3年间，伴随着日寇铁蹄在中华大地肆虐残踏，东亚研究所第二调查（黄河）委员会北支委员会及第二、第四专业部会的日本人，如鬼魅般地出没于三门峡上下，攀岩涉流，查勘测量、研究计算，最终形成了一个完整的三门峡水电站开发方案。

富永正义等人编制的开发方案中，对三门峡工程作了如此描述：“在黄河中段河曲、天桥、三门峡、小浪底等11处坝址中，三门峡最值得注目。此处一经建坝，除能获得莫大电力外，下游水患即可防止，其效果特为显著，务期从速完成。”

他们提出的设计方案与技术指标为：高坝采用混凝土重力坝，工程分两期开发。第一期工程库水位325米，坝高61米，库容60亿立方米，防洪最大下泄流量为15000立方米每秒，汛期限制水位319米，不超过陕西潼关1933年大洪水时的水位；防洪最大下泄流量15000立方米每秒，兴利灌溉面积1500万亩。调节库容20亿立方米。发电出力第一期工程63万千瓦。泥沙处理原则为，大水大沙时敞泄冲沙。水库淹地90万亩，迁移人口13万人。第二期工程，大坝加高至86米，水库最高水位350米，总库容400亿立方米，总装机容量达到112万千瓦，年发电量54亿千瓦时，淹地260万亩，迁移37万人。淹没处理方式，拟由电力促进工业以吸收一部分劳力解决，其他人员外迁到黄河下游故道及边远地区。经初步预算，修建三门峡水电站的工程总经费为4.42亿日元。三门峡大坝建成后，其规模仅次于1935年美国修建的亚利桑那州胡佛大坝，位居世界第二。

关于三门峡水库中的泥沙处理，日本人在报告中特别提出：“黄河含沙量之大，实属可惊。其输沙量大半系在汛期与洪水俱来，若将泥沙全部沉积于库内，仅需三四年，水库即遭淤满。故宜采用不完全沉沙池方式，大水大沙

日本计划开发黄河水电及从事土地改良工程布置图

时敞泄冲沙，使河水所挟泥沙半数流向下游，则水库之寿命大可延长。”

这场没有硝烟的战争仍在继续。

1942年6月，日本人组织进一步编制了《三门峡堰坝筑造计划概要》（简称《概要》），从黄河治理、发电、灌溉、航运等10个方面对《黄河水力发电调查报告书》进行了充实完善，并编制了三门峡工程的具体施工方案。《概要》认为，三门峡水库的开发目标是以发电为主，兼顾灌溉、航运和防洪。水库全部建成后，发电效益，发电总装机容量112万千瓦，年发电量可达50多亿千瓦时，将为华北工业发展提供强大能源；防洪方面，可将黄河中游30000立方米每秒洪水调节为15000立方米每秒，加之下游两岸堤防的整修加固，可完全根绝洪水灾害；农业灌溉，下游两岸农田因灌溉而增加的经济收入可达年均1亿多元；航运方面，在改善下游航运条件、增加航运能力的同时，将为下游两岸漕运拓展打下良好的基础。在黄河治理方略上，《概要》还以1933年黄河大水为防御标准，经分析黄河洪灾损失、下游流路发展趋势，提出黄河下游应回归花园口决口改道前河道形态的建议。

当年9月，日本政府在兴亚院会议上竟然将“治理黄河的对策”提上日本帝国的议事日程，决定将建设黄河三门峡大坝作为该国未来的一项重要建设规划。工程建设计划分为两期，1945年至1950年第一期工程竣工，1957年至1960年第二期完成。可谓荒谬之极。

……

如果单纯从技术角度来看，日本人编制的黄河三门峡工程计划，其质量与精度堪称优良。

后来，国民政府中央水利试验处研究员张瑞瑾对日式三门峡工程计划进行过研究，并与许多年后三门峡工程的实际运用情况进行比较，结果表明，在水库最高水位、防洪运用原则、兴利调节库容、灌溉设计面积、发电出力、泥沙处理方式等12种主要指标中，除日本人拟订的发电计划较高外，其余各项指标均相同或相近。水库蓄水位，日本人设计最高水位是325米，目前水库实际运用情况是326米；防洪运用原则，二者均为回水不淹没潼关，日本人设计最大下泄流量15000立方米每秒，目前实际最大下泄14000立方米每秒，一般运用下泄10000立方米每秒；调节库容，日本人设计20亿立方米，目前实际运用18亿立方米；灌溉面积，日本人计划1500万亩，目前实际灌溉效益是1600万亩。

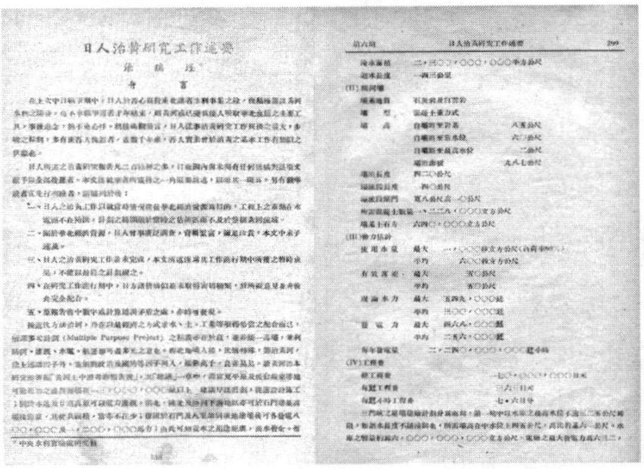

日人治黄研究工作述要

二战后，中央水利试验处研究员张瑞瑾在《水利》月刊发表研究日本治黄计划的文章

也就是说，经过半个多世纪嬗变的三门峡工程，其发展演变轨迹，几乎是在日本专家笔下自起点到终点，画了一个大半径的圆。

然而，科学技术是一把双刃剑。正义的力量掌握它，能给人们带来福祉，而在侵略者手中，它却能被用来毁灭人类。

就在当年富永正义们精心设计三门峡工程之际，他们那些嗜血成性的军人们正在这一带进行烧杀抢掠。1944年4月，日军发动豫西黄河战役，5万日军从山西垣曲县渡河南下，攻占陕县、灵宝等地。日寇所到之处，杀人如麻，血流成河，奸淫掳掠，无恶不作。6月26日，日军血洗陕县曹村，将残杀的数十名无辜百姓，全部扔进“葬人坑”，并将300多名中国军队战俘当作“活靶子”一批批刺死。10月31日，日寇又对陕县进行疯狂大扫荡，方圆数十里横尸遍野，仅张村原一个村就被杀害群众433人，62名平民百姓被投入村内的水井之中，而后投入石头砖块掩埋……

在这种残暴的战争背景下，富永正义们研究修建黄河三门峡工程，终究是为日本军国主义妄图长期霸占中国、榨取中国资源、实施更加残忍的统治服务。在这里，所谓的“科学技术天才”成了为虎作伥的战争魔鬼。他们用力愈勤，用心愈专，对中国人民的祸害就愈深。因此，他们也与那些日本战犯一道，永远被钉在历史的罪恶柱上。

……

这里，有必要简略介绍一下三门峡工程后来的事情。

抗战胜利后，国民党政府以“日式三门峡工程计划，不惜淹没关中200万亩农田，使百万民众丧失养命之源”为由，将日本人研究的勘测设计成果销毁大部。此举，令不少专业人士为之叹惜：日本侵略者已经战败，而他们留下的设计成果，到了中国人手里仍具有参考借鉴价值，难道这些成果不能为我们所用吗?

二战结束后不久，美国顾问团应邀来华与中国水利专家共同研究黄河治理开发，修建三门峡水库再度成为中美专家关注的焦点。经过实地查勘、编绘计算，他们提出了与日本专家不同的看法，认为：黄土高原水土保持即使采用良好的治理措施，也需要数百年，因此修建黄河干流水库应当排沙而不是拦沙；从防洪、发电、蓄水、泥沙等问题综合考虑，修建三门峡水库，对潼关以上的农田淹没损失太大，建议水库坝址移至下游百余公里处的八里胡同。

这种对于黄河泥沙问题的谨慎考虑，即使用70年后今天的眼光审视，也属真知灼见。但是，当时的中国，政治军事局势骤然发生变化，一场国内战争的乌云正在中国上空聚集，专心筹谋内战的国民党政府对于中美专家关于黄河建设的建议，态度表现漠然。专家日夜兼程编制的《黄河治理开发纲要》、《黄河规划初步报告》等成果也被束之高阁，满腔和平建国的热望被浇了一盆冷水。

中华人民共和国成立后，在苏联专家的技术援助下，历经岁月风霜的三门峡水利枢纽工程得以开工建设，古老峡谷中诞生了万里黄河第一坝。但由于对泥沙问题的严重性估计不足，建成不久，工程即被迫进行了两次改建和调整运用方式。此后，该工程重新焕发生机，在很长时期内，为防洪防凌、灌溉、发电等发挥了重要作用，时至今日，依然是黄河治理开发工程体系中不可或缺的重要枢纽。

青山遮不住，毕竟东流去。当年这座峡谷中，一桩桩起伏跌宕的恩怨纠葛，伴随奔流不息的滔滔河水，已永远嵌入黄河的记忆之中。

三、强盗的逻辑

历史留给人们的思考是深沉的。

日本，公元600多年时，该岛国上的海盗、浪人以及官员，当他们乘船向西踏上隔海相望的华夏大陆时，总是战战兢兢。他们长久地把这个国土面积足有日本31倍之多的富饶国度称为“天朝上国”。

400多年前，中国明代万历年间，首次完成国家统一的日本庄园主丰臣秀吉，在向荣立战功的将领们分发领地时，明确感到日本本土狭小与贫瘠的局面必须改变。

毫无疑问，中国有无边无际的肥沃土地。丰臣秀吉发誓，终有一天要让日本天皇去中国当皇帝，把中国分割成无数碎块，成为日本将领和大臣的私属领地。

丰臣秀吉的最终目标是：不屑国家之隔，山海之远，直入大明国，使四百州化我俗，施王政于亿万斯年，此乃吾之宿愿。

他的这一狂言，不仅表明地处弹丸之地的日本早已对中国怀有侵略野心，更令人震惊的是，日本从那时起就不认为世界上有“侵略”存在。他们把野蛮人入侵别国国土叫作“直入”，四百年后的日本右翼政客把武装侵略中国叫作“进入”。

17世纪初，日本进入江户时代，丰臣秀吉的思想得到拓展。日本人著的《开疆录》一书中，第一次提出将“小日本”变成“大大的日本国”的扩张理念，扩张目标直指中国：“大日本国之威光，应及于唐土、朝鲜、琉球、南蛮诸国……大日本国更增加扩大，则可变成大大日本国也。”

自鸦片战争始，西方列强不断染指中国，这使得在明治维新后国力不断强大的日本染指中国的欲望愈加强烈。

1879年，日本参谋本部首任长官山县有朋在给天皇的上奏中呼吁，当前日本第一位是“强兵”，因为“兵强，国民志气始可旺，国民自由始可言，国民劳力始可积，然而国民之富贵可守”。没有哪一个国家不想强国富民，但以强大的武力掠夺他国，达到强国富民的目的，这是日本独有的逻辑。

基于对外扩张的国策，日本第一要务便是建立强大的军队。由天皇直辖的军部，直接对天皇负责，凌驾于内阁之上，从此确立了军阀在日本的特殊地位。日本政府正式把日本军队称为“皇军”，即天皇统领下的军队，要求皇军为扩张战争奉献生命乃至一切。1882年，天皇颁布《军人敕谕》，要求日本皇军遵循忠义、礼仪、武勇、信义、朴素等“神道”精神和“武士道”德行。“神道”和“武士道”的确立，是日本走上军国主义国家体制的重要标志。

武士道的精神内涵：一是没有善恶评判的服从。二是超越生死的信念。武士道由一种职业操守，上升为一种人生境界，不但被普及为日本国民的集体信念，更成为近代以来日本军人的精神支柱。日本军人把武士道的冷酷以及自虐和虐人发挥到极致，使得持续多年的中日战争遍布令人惊悚的血腥气息。

1887年，日本明治维新以来一个最为嚣张的侵华蓝图出笼了。

小川又次，福冈县人，职业军人，日本陆军对外实施扩张战争的倡导。这个在中日甲午战争时任日本第一军参谋长的军官，被认为是影响了日本陆军数十年的战略家。他在1887年首先提出了侵略中国的作战计划

《清国征讨方略》。

日本陆军参谋部始终抱有一个荒诞的逻辑，即“日中连带论”。这个逻辑的核心是：日本与中国的关系，不是两个国家的关系，而是日本一国自家的事情。日本的未来与中国紧密相关，中国的归属决定着日本的命运。如果中国被西方强国抢先占领，那么日本的前途不可预料。日本抢先占领中国，最为重要的是必须先下手为强，在中国还没有强大时侵占之。

鉴于此，小川又次提出了入侵中国的详尽作战计划：主攻放在北路，出动六个师团，在海军的支援下于渤海湾登陆，直接攻击北京，占领中国都城并俘获中国皇帝。同时，在中国的南方实施助攻，动用两个师团和海军一起自吴淞口冲进长江，水陆并进，占领长江沿岸的镇江、南京、安庆、荆州等城市，以牵制长江以南的中国兵力，使之无法北上救援。在七年后的甲午战争和五十年后的中日战争中，这一作战计划被按部就班地执行了。

武力占领中国后如何处置这片偌大的土地？小川又次提出的方案是：

山海关至西，长城以南，河北、山西两省，河南省之黄河北岸，山东全省，江苏省之黄河故道、宝应湖、镇江府、太湖，浙江省之杭州府、绍兴府、宁波府东北之地以及旅顺半岛、山东登州府、浙江舟山群岛、澎湖群岛、台湾全岛、扬子江沿岸左右十里之地，属于日本版图；东三省及内兴安岭山脉以东、长城以北之地，分给清朝，使之独立于满洲；割扬子江以南之地，应明朝后裔建王国，并使之成为日本之保护国；扬子江以北、黄河以南，再建一王国，使之属于日本；西藏、青海、天山南麓，立达赖喇嘛；内外蒙古、甘肃省、准格尔，选其酋长为各部之长，由日本监视之。

甲午战争爆发后，日本内阁参事官德富苏峰发表了《大日本扩张论》，毫不掩饰地声称日本对华作战的根本原因是：如果不征服中国，在自己狭窄的国土上，日本就只能人摞人了。

这位内阁参事官秉持的无赖逻辑是：“自己家房小人多住不下，需要寻找新的住处，但身边那个房子宽敞的邻居不肯把房子让出来，所以要对

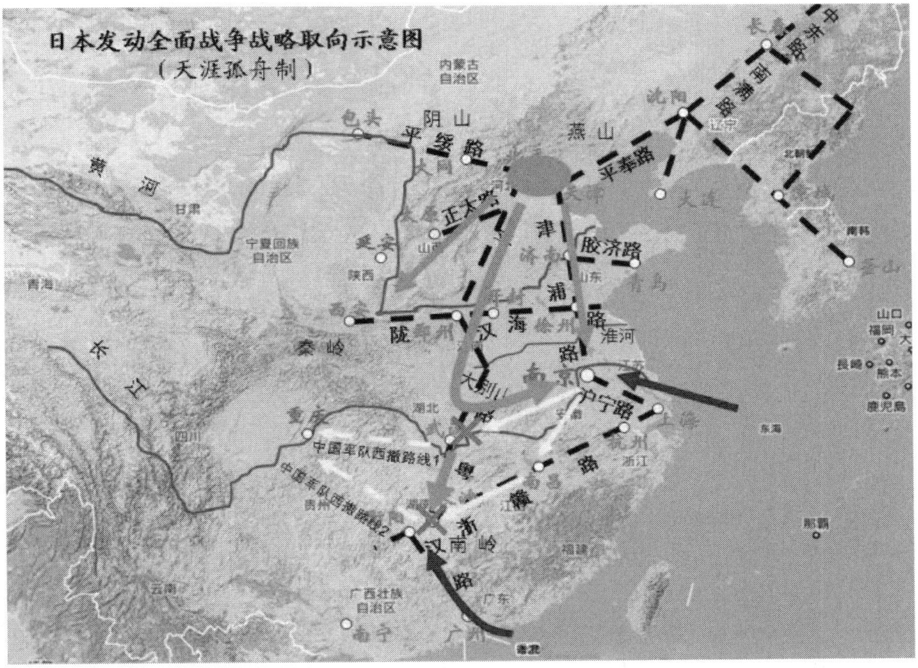

日军发动全面战争战略取向示意图

这个邻居进行十二分的惩罚，而惩罚的方式是发生战争。”

1898年，日本首相大隈重信发表了题为《中国保全论》的演说。声称：中国陷于被瓜分的局面，不在于外来势力过于强大，而是中国内部的腐败和倾轧所致。目前，作为中国的邻国，且人种相近、文字相同，只有日本才有义务和实力保护中国，拯救中国国民。

1900年，大清光绪二十六年，八国联军侵华，日本出兵最多、劫掠也最多。日本利用清廷被迫签订的《辛丑条约》，获得34793100两白银赔款。有了这笔赔款，日本进行了第一次产业革命，支付了巨额的扩军军费。两年后，日本陆军总兵力已是甲午战争时的两倍以上；四年后，日本购买并建造了大量战舰，其海军军力一跃成为世界第四。更为严重的是，《辛丑条约》使日本获得了在中国天津和北京以及华北腹地的驻兵权，其驻军被称为“清国驻屯军”。这就是30多年后中日战争爆发于北京卢沟桥的历史原因。

日本支持军国主义的右翼组织在东京举行集会示威

发生在20世纪三四十年代的中日战争，使中国大半国土沦丧在日军铁蹄之下，3500多万中国军民在战火中伤亡，其中死亡2000多万人。

1927年6月27日，在田中义一的主持下，日本内阁召开专门讨论中国局势的东方会议。会后，田中义一起草奏折，于7月25日呈送天皇，明确提出“唯欲征服支那，必先征服满蒙；如欲征服世界，必先征服支那”的侵略国策。这就是臭名昭著的《田中奏折》。

《田中奏折》称，自明治维新以来，凭借与中国“共存共荣”之名，日本已经成功地在物产丰富的中国东北地区建立起庞大的殖民机构，南满洲铁道会社便是其中之一。接着，《田中奏折》阐述了日本对中国东北地区实施的基本策略，概括起来就是：占领中国的东北地区，进而以发展贸易将日本势力推至全中国，然后利用中国丰厚的资源进军亚洲乃至世界。

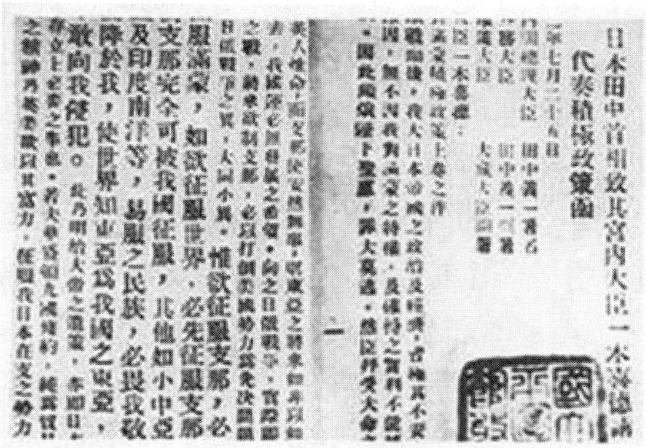

日本田中首相致其宫內大臣一木喜德函

代奏積極政策函

服滿蒙，如欲征服世界，必先征服支那，必

支那完全可被我國征服，其他如小中亞

及印度南洋等，易服之民族，必畏我敬

降於我，使世界知東亞為我國之東亞，

敢向我侵犯。

臭名昭著的《田中奏折》

《田中奏折》，这份通篇宣扬武装侵略占领别国的军国主义文件，最终成为日本入侵中国的指南。

1928年5月1日，北伐军进入济南，结束了奉系军阀张宗昌的统治。然而，蒋介石进入山东督办公署还不到3个小时，日军就在派遣军司令官、第六师团师团长福田彦助的率领下开进济南城。日本人的借口竟然是：保护“居该地的帝国臣民的生命财产的安全”。

没人相信日军是来“保护侨民”的，因为北伐军的作战目的与日本侨民没有任何关系，而且当时济南城里的日本侨民不到2000人，而从青岛和天津陆续抵达的日军达3500人。面对中日两军一触即发的对峙局面，急欲完成北伐以统一中国的蒋介石决定隐忍。蒋介石派人与日方秘密联络，表示愿意承担日军军费，条件是日军撤回青岛。然而日本人知道，北伐军的北进将成为日本控制中国东北乃至华北地区的严重威胁。

5月3日，日军开始炮击济南城区，国民革命军第四十军被迫还击。深夜，日军包围山东省交涉公署。中国战地政务委员会外交处长、山东特派交涉员蔡公时与日方交涉，因拒绝向日军下跪并破口大骂，被日军割掉耳朵、鼻子和舌头后，连同其下属17人被枪杀。国民政府外交部部长黄郛再次前去与日军交涉，日军军官胁迫这位中国外交部长在所谓中国军队枪杀

1928年济南惨案中日军看守被俘中国士兵并将中国士兵全部反绑的情形

二战前日本对中小学生和女子进行军国主义教育

了一个日军军曹的“调查报告”上签字，直到黄郛被迫签上一个“阅”字后才将他放回。蒋介石认为日军正逼他趋于“忍无可忍”，以为进一步的军事行动寻找借口，因此下令北伐军全数撤离设防地域。然而，北伐军撤离后，日军并没有停止进攻，11日济南全城沦陷。日军烧杀抢掠，奸淫妇女，济南变成了一座人间地狱，史称“济南惨案”。

此时，日本对外宣称：日军在济南与中国军队的冲突是“中国人日积月累轻蔑日本人心理的具体体现”。日军的回击性行动实为“显示皇军的威武”，是对中国人进行“断然惩处”，“使全中国感到震骇”。把入侵中国和屠杀中国人称为对中国的“惩罚”和“惩处”，在以后相当长的时期内，这成为日本官方和军方惯用语。

1929年爆发全球性经济危机，新生的资本主义国家日本受到猛烈冲击。当年，田中义一内阁垮台，接任首相是滨口雄幸。他上任伊始，出于挽救经济的目的，采取了修复日中关系的外交策略，与蒋介石的国民政府达成了“全面改善日中气氛”的共识。但当时的日本，决定国策的不是政客，而是军人。1930年10月，日本右翼分子在东京车站狙击首相，滨口雄幸身负重伤，日本内阁受到沉重打击。

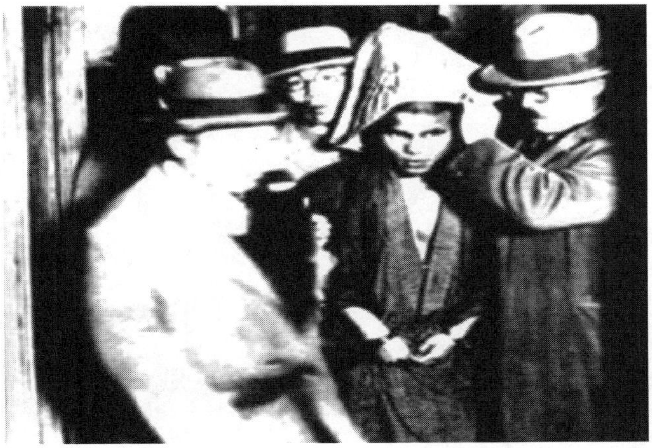

刺杀日本首相滨口雄幸的右翼组织成员被警方拘捕

驻扎在中国东北地区的关东军认为，仅仅靠表示“善意”就想在他国扩展本国利益，世界上还没有成功的先例。为此，关东军明确提出，不必在乎中国人指责日本的侵略行为，因为这个世界上没有哪个国家会心悦诚服地接受他国的入侵。

这年年底，日军在制定《1931年形势判断》时，针对解决满洲问题的方案，决定分三个阶段实施：一是打破现状；二是建立亲日政权；三是完全占领中国东北地区。基于此，日本参谋本部对其内阁发出威胁说：“满洲惹起事端后，政府若不追随，就发动军事政变。”“惹起事端”这一措词表明，日军在中国发动侵略战争，不仅早有预谋，而且铁心已定。

综上所述，二战期间，日本侵略者之所以处心积虑，兴师动众，编制垂涎已久的开发黄河梦，也就不难理解了。

然而，战争的性质决定战争的胜负。随着那场战争惨剧的落幕，日寇的黄河开发梦终究灰飞烟灭。

XUENINGCHANGHE

第六章

隔河对峙的博弈

一、白日头，红日头

花园口决口改道后，穿越黄淮大平原的新黄河，成为中方与日军隔河对峙的军事分界线。为了防御洪水向各自占领区漫流，中日双方展开了一场筑堤博弈。

泛区西岸，青天白日旗随风猎猎；泛区东岸，太阳旗狰狞刺目，构成了一道特殊奇观。

在西岸，扼守郑州门户的花园口一带，自然是新堤建设的当务之急。为此，中国第一战区会同国民政府黄河水利委员会、河南省政府组成“黄河防泛新堤工赈委员会”，动员大批民工，实行以工代赈，首先开工了广武李西河至郑县陇海铁路、花园口至京水镇两段34公里新堤。新堤建设除加修防汛险工埽坝外，还修筑了专门用于军工的8座挑水坝与30余座掩体工事，切实体现了“河防即为国防”的防御策略。

1939年春，为充分利用新黄河牵制日军，中国最高军事统帅部要求，把黄河作为抗战的国防线，把防泛西堤作为前线阵地，严加防守。刚刚履任第一战区司令长官兼河南省政府主席的卫立煌雷厉风行，立即组织河南省政府、黄河水利委员会成立“续修黄河防泛新堤工赈委员会”，征召沿河民工，从豫东各县到豫皖交界，开展了大规模防泛西堤建设。此时，正值抗战艰难时期，民众生活疾苦，运输条件简陋，加之石料缺乏，修堤面临重重困难。为了防水御敌，沿线军民就地取材，昼夜赶工，硬是在几个月内基本建成了280多公里长的新黄河西岸堤防。

为防御改道后洪水泛滥修建的黄河新堤

黄河西堤建成后，第一战区即将防守任务移交黄河水利委员会河南修防处接管。随之，一副重担也压在了一位儒雅中年人的肩上。

他叫陈慰儒，字汝珍，时任黄河水利委员会西安河防处处长兼河南省修防处主任。1895年他出生于河南省信阳，自幼聪颖好学。23岁那年，在河南省教育界人士倡议下，作为河南首批留学欧美学生，被公派到美国伊利诺伊大学土木工程系留学。毕业后，在美国纽约州公路局任两年工程师。1924年回国，历任中国华洋义赈总会河南省分会工程师、河南省公路局局长、河南省河务总局局长、全国经济委员会水利处工程科科长等职。在此期间，他撰著出版了《豫河三志》、《整理豫河方案》等治河专著，并参与编制了中国第一水工试验所试验项目《黄土河流预备试验和黄土沉

曾任国民政府黄河水利委员会河南修防处处长的水利专家陈慰儒

淀试验计划大纲》，其专业能力和学识素养深受业界同仁赞赏。1937年，他被任命为黄河水利委员会河南修防处主任，负责下游南岸黄河及沁河防汛与堤防管护任务。

谁知履新不久，熊熊战火就燃烧到了跟前，令陈慰儒尤为痛心疾首的是，在自己河务防区内发生的花园口决口事件。

决口事件发生前夕，他亲历的一些情景仍历历在目。那是1938年6月1日，陈慰儒奉召到第一战区去见司令长官程潜，程潜说："蒋委员长命令掘开黄河大堤，放出河水阻挡日军。"闻听此言，他猛然一惊。作为主管此段河务的首席河官，他深知此举非同小可，直接危及万千生灵，于是脱口便说："农历五月是黄河枯水季节，流量很小。就是掘开黄河大堤，也阻挡不了敌人。可是一旦大堤掘开，汛期洪水到来，口门逐渐扩大，就很难堵合，那将给豫、苏、皖三省民众带来无穷的灾难。"程潜听后沉思良久说："等转报蒋委员长后再作最后决定。"次日，程潜又传见他，一见面就说，"水小也要掘，上峰命令立即派你们的河兵动手"。陈慰儒陈述道："河兵都是沿岸农民，谁都知道黄河决堤的严重性，他们世代守堤防水，绝不会自己动手掘堤。"程潜接着说："那我派军队去掘，请你们作指导。"至此，陈慰儒知道军事最高当局决心已定，只好转而求其次说："如果一定要掘堤，请政府先发迁移费，让堤外居民搬家。"程潜当即应允，批拨了款项交郑州专员罗震给沿岸居民发放……

几天后，花园口决堤惨剧果然发生了。当时，为躲避兵临城下的战火，陈慰儒奉命率领河南黄河修防处部分人员撤离开封，正辗转于郏县、洛阳之间。在途中，他听到这一震惊人寰的消息，心中悲愤难诉，痛苦万端。随后，他们又从洛阳迁移至西安，与先期到此的黄河水利委员会机关

国民政府中央救济委员会第七救济区第一队向即迁灾民发放救济款

会合。在这里，他被任命为黄河水利委员会河防处处长兼河南省修防处主任。

如今，黄河下游西堤已经建成，新的防洪任务迫在眉睫。身为河南黄河修防处首席官员，自己却在千里之外，当初撤离开封时，黄河员工大部分被疏散，面对新的防洪形势，治河队伍如何组织，防汛守堤如何开展？想到这些，陈慰儒不禁心急如焚，忧虑重重。

眼下，第一要务还是抓紧建立组织体系。于是，他根据新黄河沿途河势情况，经过一番思考，提出了一个建立各级修防组织的方案。经请示黄河水利委员会确定，在河南黄河修防处新设三个修防段。第一段，管辖郑县、中牟、开封、尉氏4县堤防，长度117公里，指挥部设在尉氏县寺前张；第二段，辖扶沟、西华、淮阳3县堤防，长度98公里，指挥部设在扶沟吕潭；第三段，管辖从周口至豫皖交界，包括商水、淮阳、项城、沈丘等县的堤防，长度约100公里，指挥部设在淮阳水寨。三个总段以下，对应各县辖区设立修防段。

为了加强防泛新堤的管理和防守，黄河水利委员会会同第一战区与河南省政府颁发了《黄河防泛新堤防守办法》，规定：防泛新堤由河南黄河修防处及沿堤各行政督察专员及所属各县县长共同负责防守，防守工程由河南黄河修防处统一筹划。沿堤各地行政专员为黄河水利委员会防泛新堤联防专员，沿堤各县县长兼任防泛新堤河防委员，共负黄河抢护之责。河南省政府并明确指令，沿堤各县县长受河南黄河修防处督导，并将河务修防成绩列入县政考核。

机构体制确定之后，接着便抓紧招罗旧部，重组队伍。经过一段时间紧张工作，初步形成了一套新的修防体系。

这时，面对黄河改道的突然巨变，东岸的日军也在急忙调整部署，紧锣密鼓地筹划防洪应对措施。

1938年6月，日军扶植华北伪政权在开封成立了“临时新黄河水利委员会”，由华北伪政权建设总署督办和伪河南省省长分别任正副主任委员。为防止泛水漫延，灾区民众生乱，该委员会经过对民堤修筑及洪水泛滥情况调查，紧急吁请华北伪政权，要求速派得力水利专家，拨发工程专款，抓紧修筑黄河东岸防泛新堤，以确保现有的统治地域。

当年8月至12月，日伪政权首先在开封县瓦坡北砂丘之间，组织修筑了4000米长的南北方向堤防。1939年春，又专门成立了“新黄河筑堤委员会”，先后在北平和开封两次召开会议，部署东岸全线修筑堤防事宜。会议确定，筑堤重要技术和材料购置由日本负责，所需经费，由华北伪政权拨出第一批工款150万元，委派督工和施工技术人员，抓紧进行民情调查、勘测设计及施工准备。

黄泛区形成之初，东岸豫东地区一带虽为日伪占领，但因大批日军调往外地作战，此处所留兵力较少。同时，这里又是新四军和国民党军队的游击活跃区域，各方势力犬牙交错，社会形势错综复杂，日军修堤中不断受到抗日武装的阻截袭击。至1940年底，开封、中牟一带的堤防方修筑完成。此间，为削减向东泛滥水势，日伪政权还征集两千多民工，在日军监工弹压下，试图堵塞赵口的决堤口门。因对岸中国军队时常开枪射击，无法正常施工，日军只好作罢。

1941年春，日伪政权经过一番准备，征集开封、通许、杞县、扶沟等县民工，开始修筑开封以下至涡河分流口的防泛东堤。新修堤防分3段进行，上段自开封朱仙镇至通许县西关，长40公里；中段自通许县西关至扶沟县江村，长25公里；下段自江村至杞县燕子庙，长40公里，整个工程投资103万元。1942年，又实施了河南通许至安徽省境之间包括堤防护岸修筑与加固的防泛东堤补修工程。

为了避水西侵，日伪政权还在扶沟县姚皇至麻里修筑一道长约3公里的挑水坝。针对日伪政权这一企图，国民党军事委员会西安办事处、第一战区长官司令部会同黄河水利委员会拟定相应的军工对策，由河南黄河修防处组织实施，在扶沟等地修筑军工坝埽37道，完成土方830万立方米，投资164万元，有效保护了西岸防泛新堤的安全。

在此期间，日伪政权组织的防泛东堤修筑很不顺利。其原因，一是黄泛区青壮灾民大多逃往外地，难以招来足够的修堤民工；二是日伪政权内部矛盾交织，主持施工的官员利欲熏心，偷工减料、中饱私囊现象严重，直接影响了施工进度和质量；三是堤内堤外村落冲突加剧，都不愿意把自己的家园堵在堤内，导致施工时常中断；四是新的河势很不稳定，经常发生决堤。

这是当时黄河东岸决口的记载：1940年7月，黄河主流东移，泛区东岸太康境内王盘一带民埝冲决，河水漫向东南，流入涡河；1941年凌汛期间，太康王子集又决；6月，逊母口、姜庄寨再决，涡河一带过水占全泛区水量八成有余。泛水主流由尉氏，经太康、淮阳、鹿邑进入淮河……

为了逼水东去，中国军方还不断相机组织力量对东岸堤防实施人为决堤。从1940年5月至1943年10月，第一战区泛东游击队、泛东挺进军等武装力量，共计扒决中牟、西华、太康、通许等地东岸堤防30余处。

由于上述诸多原因，防泛东堤的施工时断时续，直到1943年才基本修成。这一时间，比西岸中方完成修堤整整晚了4年。

不过，西岸堤防的防守形势也不太平。由于施工仓促，土质沙松，新修大堤质量普遍较差，加之河势多变，大溜冲刷，每到汛期险情接连不断。1942年8月花园口发生14000立方米每秒流量的洪水，下游西华县道陵岗堤段决口7处。为避免大河主流穿越沙河向南泛滥，威胁豫皖边区抗日防线，中方紧急出动军力投入抢险，直到次年4月才全部堵合，日伪方面有时也偷窜过河扒决西岸堤防，更增加了防守难度。1944年8月，日军在西华、商水两县同时掘开西岸堤防，决口口门宽度分别达50米和80米，两个月后始得堵复。

白日头，红日头，你扒口，我扒口，泛水横流，劳役繁重。双方隔岸对峙博弈的结果，最终都是苦了既遭灾又出力的两岸老百姓。

据战后1948年国民政府行政院善后救济总署调查编制的《黄泛区灾情报告》称："抗战八年中，新黄河官堤、民埝决口32次、91处，致使漫沙流走，愈演愈大，一片荒烟，到处凄凉。"

这一情形，正如元代诗人张养浩《山坡羊•潼关怀古》中所感怀："峰峦如聚，波涛如怒，山河表里潼关路。望西都，意踌躇，伤心秦汉经行处，宫阙万间都做了土。兴，百姓苦；亡，百姓苦。"

……

全国解放后，陈慰儒于1949年至1951年在河南大学土木系任教，1952年被调到黄河水利学校教授水利工程等课程，1968年12月病逝。著有《黄河花园口掘堤经过》一文，发表于河南省政协主办的《文史资料》。

二、河防前线上

在两军隔河对垒的形势下，守卫河防一线的下层官员及员工，日子要艰难的多。

此时，河南黄河修防处南一总段总段长苏冠军就在这种险恶处境中奔忙操劳着，苦苦支撑着。

这是1939年黄河汛期，花园口决口改道后，根据新的河道形态，黄河水利委员会在西安研究决定，河南黄河修防处属下成立三个修防段，任命苏冠军为第一段段长。其实，他此前就是南一总段的总段长，守防荥泽、郑州上、郑州下、中牟上、中牟中5个分段，48个防汛堡。所不同的是，眼下管辖范围改为郑县、中牟、开封、尉氏4县，堤防总长117公里。这里位居整个西岸堤防最上端，又是花园口决口之处，是防御洪水的重中之重。

苏冠军深感责任重大。1903年他出生于河南温县，24岁于山西大学土木工程系毕业，曾任国民政府河南省建设厅副工程师、天津市工务局测绘主任等职。1930年10月到黄河上从事工程技术工作。由于他勤勉务实，经验丰富，深得上司赏识，从副工程师、工程科长，直至升到河南黄河修防处南一总段总段长。

不料想正当他一路走红的时候，一场惊天灾祸骤然而至。1938年6月，国民政府军事当局决定实施“以水代兵”，军方筹划的黄河掘堤位置，正在苏冠军的河防辖区之内。得知此讯，苏冠军的心境五味杂陈，苦不堪言。一方面身为中国国民，看到那些同胞军人们，面对敌寇步步逼近，个个战死疆场，双眼血红，像急疯了一样，他着实为抗战的危亡局势担忧。但作为一个专家型黄河官员，常年厮守大堤，河势洞悉入微，他更知大河决口后的惨重恶果。河水一旦夺口南泛，汹涌千里，顿成泽国……正因如此，面对军方掘堤屡屡受挫，苏冠军一直缄默无语。守河的重责，文人的清高，使他打定主意，在黄河扒口问题上决不轻易开口。

然而，是祸躲不过。本辖区河防一线官员的身份，注定要把他推向这场劫难的风口浪尖。

开封沦陷的当日，苏冠军接到通知来到赵口工地，新八师师长蒋在珍正在神色焦灼地为决堤受挫而犯愁。看到苏冠军到来，这位中将师长的目光死死盯着他，要他对决堤地点发表意见。苏冠军脸色峻严，感到有一种沉重的压力逼来。沉吟良久，说道：“赵口决堤不成，看来也许只有在你部防区花园口了。”

苏冠军的一句话，仿佛印证了军方本已拟订的方案。蒋在珍当即将花园口决口方案电告第二十集团军总司令商震，并很快得到了军事最高当局的批准。

当晚，花园口工地上，灯火通明，夜如白昼，锹飞镐举，车辆如流。1938年6月9日黄河花园口堤岸崩溃，吼声雷鸣，浊浪滔天！苏冠军站在大河岸边，厉风扼喉，泪眼朦胧……

花园口决口后，他守卫在这一带河防前线，一刻也没消停过。

1938年7月至10月，为防止决堤口门扩大，他率领部下员工，冒着日军隔河炮击和敌机轰炸，全程参与了抢筑花园口裹头工程，并于完工后及时接管了该工程的防守任务。

1939年3月，为改变军事不利地形，防守花园口口门西端的中国军队意欲扩宽东坝头口门。苏冠军闻讯赶赴现场，从河势技术、灾害加剧程度等方面，力劝军方改变计划。怎奈秀才遇到兵，有理说不清，几番交涉无果。最后，他还是紧急电告远在西安的黄河水利委员会，又经第一战区司令长官卫立煌下令，军方才停止扒口。

当年8月，进入黄河汛期，他的防区防泛新堤多处决口，南一总段指挥部所在地尉氏县寺前张，灾情尤为严重。为解除洪水灾害，黄河水利委员会电令成立尉氏段抢堵临时工程委员会，紧急堵复口门。苏冠军作为工程总负责人，与军民一起在工地上抢险堵漏，捆枕抛石，日夜奋战两个多月，完成土方17万立方米，耗用柳枝等料物300多万公斤，及时堵塞了所有口门。

在此期间，经中国最高军事领导机关批准，加修花园口至京水镇的河防御敌工程也同时动工。该项工程包括数十段河防埽工以及专供军用的32座掩蔽室、6处泄水口、8座挑水坝。时间紧迫，任务艰巨。他往来奔波，分析河势，提供河工技术指导，直至当年10月底全部竣工。

1939年花园口至京水镇军工大坝完工时全体人员合影

几年间，究竟有多少次修堤筑坝，多少次突击抢险，已经很难计数。总之，在战局变幻与防洪漫流的双重压力下，苏冠军和他的修防员工们，守河有责，栉风沐雨，转战西岸沿河各地，坚持到了抗日战争的胜利。

1947年春，黄河结束8年改道南泛重新回归故道。

新中国成立后，黄河治理开发进入新的纪元。苏冠军，这位旧时代的治河技术专家，也加入了中国共产党领导的人民治理黄河队伍。20世纪50年代初，在黄河水利委员会平原省河务局工务处，他每日绘制计算防洪工程，参加修筑堤防加固，为防汛抢险提供技术指导，从而开始了新的人生道路。

然而，一场如雷轰顶的人生磨难又突然降临。

1952年3月，苏冠军因当年花园口决口时的言行，被作为一桩滔天大罪逮捕入狱。一个月后，平原省人民法院对该案作出判决，称："苏冠军，男，现年49岁，1938年6月任河南黄河修防处南一总段长时，积极布置，绘制地图，并亲自指挥工兵在花园口接装炸药，进行决堤放水，致使洪水滔天，豫、皖、苏三省被害地区达20余县，受害群众达600余万，人民损失无法计算。经审理，判处苏冠军有期徒刑10年。"

迷茫，痛苦，顿时笼罩了苏冠军。

几十年来，他一直认为，做人之本，终究要对得起自己的良心。当年作为一个治河吏员，洪水无情，守堤有责，平时谁在黄河大堤上挖一锨土，就像割他的肉一样心疼。但在那场巨大的人为河患面前，自己却回天乏术，说了不该说的话。每每想到这里，他便感到有一种说不出来的愧疚……可是，谁都知道，花园口扒口改道，那是国民党最高当局决定、军方具体实施的滔天大罪，怎么能由一个人微言轻的工程技术人员去背上这个罪名呢？

宣判之后，苏冠军立即被押往新乡潞王坟监狱服刑。一年后，由黄河水利委员会保释，他被监外执行，但一顶"罪犯"的帽子仍然沉重地压在头上。

苏冠军默默承受着来自思想压抑、生活困窘等多方面的折磨，他不止一遍地想过：旧中国，兵连祸结，战乱不断。每个正直的人都迫切盼望改变那种腐败龌龊的状况。是伟大的共产党把中国历史推向了前进。全国解放了，人民翻身做了主人，这使他沉醉在无比的欢欣鼓舞之中。没想到历史竟开了这样一个无情的玩笑，自己突然被戴上了一顶"决堤放水"的罪犯帽子。他的心在梦魇般的重压下痛苦着，多少次眼泪纵横，难以自已……

泪眼婆娑中，他翻出床底下一堆发黄了的书籍和手稿，那是他多年留存的工程资料和治河实践中积累的感受。如今，作为戴罪之身，还能为新社会国家建设做些什么呢？苏冠军想，党和国家不会冤枉人，自己的事情总有一天也会清楚的。现在只有努力工作，把多年来的治河经验都总结出来，这样才不枉此生。于是，他一边接受管制劳动改造，一边忍辱负重研究治河。几年间，相继编写出了《黄河埽工》、《黄河抢险手册》等几十万字的书稿。

因花园口决堤蒙冤的苏冠军（前右1）保释监外执行，1960年在花园口和同事们合影

可是，苏冠军翘首渴盼的“清楚说法”却迟迟没有到来。思想的高压，繁重的劳作，使他疲惫不堪，他感到自己好像是要离开这个世界了。多少次孤独行走，多少次四顾茫茫，多少次热泪洗面……

由于长期身心交瘁，积劳成疾，1964年7月苏冠军溘然去世。故人虽去，生者遭殃。在接下来的政治运动中，他的家遭清抄，房子被没收，全家被勒令扫地出门，儿女被迫改名换姓。

……

20世纪80年代初，春风化雨，理性回归。随着中国社会政治的拨乱反正，一大批历史沉冤得以平反昭雪，尘封多年的苏冠军一案也出现了新的转机。

1984年11月，黄河志总编辑室编印的《黄河史志资料》中，刊登了原国民党第一战区长官司令部参谋长晏勋甫、新八师副师长朱振民、第七十一军军长宋希濂等人回忆当年花园口决堤的文章。决策实施过程的详尽追述，触目惊心的真实内幕，表达了几位当年决堤执行者刻骨铭心的忏悔之情。由此，也再次点燃了苏冠军家人申冤的希望星火。

1985年2月，一封由苏冠军的儿女署名要求为亡父平反昭雪的《申诉状》，呈送到了黄河水利委员会和河南省高级人民法院。苏氏后人的申诉要求，得到了组织上的高度重视和许多知情人士的同情，不久，黄河水利委员会经调查研究以组织名义正式报送了支持该申诉的意见，并按有关政策先期落实了属于工作管理范畴的实际问题。

复查，取证，核实，审理，合议。一个多月后，苏冠军重审案完成法定程序。一份编号为（85）豫刑再字第9号的《刑事判决书》，庄严宣示："原审被告人苏冠军，男，终年61岁，河南省温县人，原系黄河水利委员会工程师。平原省人民法院1952年5月10日刑字第301号判决，以决口放水罪判处苏冠军有期徒刑10年。其子女苏瑞英、苏景尧不服原判，提出申诉。本院按照监督程序，依法组织合议庭，对本案进行重审。现经复查核实，原判认定'苏冠军1938年5月任黄河水利委员会河南修防处南一总段长时，积极布置，绘制地图，并亲自指挥工兵在花园口接装炸药，进行决口放水'之事实失实。故复审判决如下：一、撤销平原省人民法院一九五二年五月十日刑字第301号判决。二、宣告苏冠军无罪。"

这一改判，距原判已经33载，离苏冠军去世也已21 个春秋。

听完这份宣判书，苏冠军的儿女们悲喜交集，当场抱头大哭。在"解放思想，实事求是"思想的主导下，其父亲的沉沉冤屈，半生磨难，终于见了青天。全家的生离死别，悲伤苦难，正在这滂沱热泪中荡涤，改颜……

随后，黄河水利委员会根据法院的宣判，发出《关于撤销苏冠军同志原所受刑事处分的通知》，为苏冠军彻底平反恢复名誉，并对其遗属的生活进行了多方面的照顾和安排。

"此情可待成追忆，只是当时已惘然。"至此，当年坚守在河防前线终日奔波操劳，又为黄河而蒙冤的一颗魂灵可以安息了！

三、1942年

战火连天中，一场历史罕见的特大灾荒在河南大地持续蔓延，旱魃肆虐，蝗虫蔽日，数百万人被饿死，无数难民啼饥号寒，逃往他乡……

1942年汛期，河南淮阳水寨，河南黄河修防处第三段指挥部。29岁的总段长徐福龄双眉紧蹙，脸色峻严，正为几百名员工的伙食问题而犯愁。许多天来，捉襟见肘的粮食家底，艰巨繁重的防守任务，一直压得他喘不过气来。

青年时期的徐福龄

徐福龄负责的第三段是河南新黄河的南大门，管辖的防泛新堤，自周口南寨至豫皖交界，经商水、淮阳、项城、沈丘4县，长达100多公里。由于前两年急于抢修赶工，堤身修得窄矮，且未能打硪夯实，防水能力普遍较差。一到汛期，洪水浸泡，大溜淘刷，沿线各地多处出险，防守压力极大。如今又赶上大灾之年，屋漏偏遭连阴雨，船破正遇顶头风，员工的吃饭都成了问题，这怎能不让他万分焦虑。

1913年5月，徐福龄出生于浙江吴兴，17岁时考入河南省水利专科学校，在校5年间学习勤奋，成绩优异，1935年毕业时以一篇出色的论文《关于黄河的防洪与堵口》被分到黄河上当测量技术员，从此踏上治河之路。1938年5月，战火烧到开封城下，治河队伍被疏散，他逃难到西安。不久，由于黄河改道，河南开始修筑防泛西堤，急需工程技术人员。黄河水利委员会委员长亲自与他谈话，拟派他返回河防前线。此时的黄河下游，正值敌军重兵压境，环境十分险恶，但他想到将要与日寇进行针锋相对的斗争，为民族抗战出力报效的时候到了，便毫不犹豫地回到了一线工地。

回到郑州，根据新黄河复堤工赈委员会的安排，徐福龄迅即带领一支测量队投入战斗，迈开双腿，不分昼夜，奔波往来于堤线上下，很快完成从河南周口到安徽界首的测量设计任务。接着，又投入紧张的大规模修堤建设。

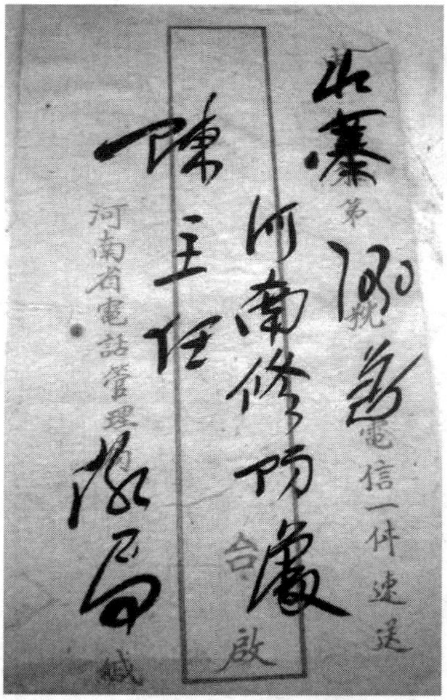

徐福龄担任防泛新堤第三段段长期间自淮阳水寨发给河南黄河修防处主任陈慰儒的紧急电报

1939年秋，河南黄河修防处由西安迁至郑州，徐福龄被提升为该处副总工程师。这年秋末，郑州以上黄河的支流沁河水位猛涨，据守南北两岸的中日双方军队竞相扒开对岸堤防，致使大片地区受淹成灾。徐福龄奉命潜入敌战区勘测地形。几天前，日寇刚在这一带进行过大扫荡，凶残杀害村民997人，烧毁房舍880余间。他在当地游击队配合下， 冒着生命危险，详细勘测了五车口、涧沟和方陵等决口口门，并配合当地修防部门拟订堵口计划，进行技术指导，突击堵合了口门。

1940年初，蒋介石给黄河水利委员会发出指令，强调指出：黄泛区是阻敌西侵的重要屏障，关系着黄河北岸数十万国军的后方补给和重庆外围的翼侧安全，要求务必执行“军事第一、抗战胜利第一”的原则，维持目前以黄河屏障阻挡日寇的格局。

这时，徐福龄被调任为防泛新堤第三段段长，指挥部驻守在淮阳水寨。当时他们正面临一道棘手的难题。由于黄泛区主流东移，涡河一带走水占去全部水量的80%，老泛区仅占两成。照此发展，如果沙河以北的泛区断流，屏障尽失，泛区东岸淮阳的日寇则将畅通无阻，极易长驱南犯。

为阻敌南侵，第一战区与河南黄河修防处经研究分析，决定在泛区东岸修建相应工程。首先堵塞了王盘一带2处口门，使泛水大溜上提，减轻了进入涡河的流势。同时，堵塞黄河流入沙河的8道串沟，并于周口至淮阳济桥段修筑了40公里长的沙河北堤。沙河本来就是一条洪涝灾害很严重的河流，如今，加上沙河北岸40公里长的堤防，实际上第三段负责修守的

1940年汛期，河南黄河修防处第三段黄河员工在抢护黄河防泛新堤险情。图中堤上穿黑衣服者为该段段长徐福龄

是沙河南北两岸140公里管护任务，沙河与黄河的堤防，像两条长长的铁轨一样，沉重地压在第三段员工的肩上。在此情形下，徐福龄带领他的治河员工，克服敌情复杂、料物短缺等重重困难，恪尽职守，巡堤抢险，负重前行，守住了这道重要防线。

谁知又来了1942年大灾荒。这场特大旱灾，范围波及陕、晋、豫、鲁、冀、苏、皖7省，尤以河南省灾情最为严重。旱情从上年开始，一直持续蔓延到1942年。与此同时，近60个县还发生了严重的蝗灾，飞蝗遮天蔽日，方圆数十里，秋作物被一扫而空。加之连年战火的摧残，驻防河南的几十万军队，军粮马料全靠就地征粮。沉重的徭役和赋税，使河南民力物力财力枯竭。黄河决堤泛滥，又使豫东平原万顷良田被毁。1942年麦收只有一两成，秋粮又遭绝收，能吃的草根和树皮几乎被挖完剥光，许多地方出现了"人相食"的惨状。当年，河南全省6000多万亩农田受灾，300万人被饿死，数百万人逃离家园，1500万人挣扎在死亡线上。

当时的重庆《大公报》、美国《时代周刊》等报刊相继报道了这一惨绝人寰的大饥荒，刻骨铭心的记述，催人泪下。

1942年河南大旱，无数百姓背井离乡外出逃难

为解决特大灾荒的燃眉之急，1942年八九月间，蒋介石在西安召开“前方军粮会议”，决定将河南征粮数额减为250万石，下令征用所有运输工具，把陕西储粮迅速运往河南。但这项救急措施主要是为了解决河南驻军的粮食问题。由于当时交通运输极为困难，从外省调运几十万驻军的口粮至少需要几个月。于是，蒋介石采取“舍民保军”的政策，到1943年元月底，国民政府又从河南征收170万大包小麦，进一步加剧了人民群众的灾荒之苦。

当年12月，在各界人士为河南灾民陈情呼吁下，国民政府拨给河南赈济贷款2亿元，但同时又加紧了军粮征收。河南省政府分派大员到各县，一面视察灾情，一面督促征粮。征粮过程中，有一个县的老百姓把仅有的一点小麦交付军粮后，全家服毒自杀……

在此境况下，黄河修防员工不仅要坚守河防前线，与汹涌的洪水拼搏，还要与持续蔓延的粮食紧缺抗争。为使全段员工能够度过灾荒，徐福龄一次次向河南驻军和地方政府提出请求，才争取到了一些粮食。春节前，驻军又拨给几百斤豆饼，勉强度过了“年关”。

1942年12月，第一战区副司令长官兼苏鲁豫皖边区总司令汤恩伯召集第十五集团军总司令部、黄河水利委员会、淮河流域工赈委员会及四省代表在安徽临泉开会，研究防御洪水南泛问题。会议决定成立黄泛区视察团，对河南至安徽黄泛区河势、堤防工程等情况进行全面调查，编制黄泛区堤防加固计划。

徐福龄作为黄河水利委员会的代表就近参加了此次会议，全程参与了这次调查，并负责编制河南省境内的堤防建设计划。黄泛区视察团在随后提交的总报告书中强调指出：河南省工程浩大，如不及时加高培厚堤防，势必泛流改道，国防民生将两受其害。为保持原有泛区，巩固抗战国防，兼顾民生计，河南境内需培修加固堤防土方600万立方米，建议以工代赈，尽快实施。

根据视察团提出的项目计划，1943年1月汤恩伯在河南漯河主持召开整修黄泛工程会议，部署以军工为主的复堤任务，要求当年麦收前完成。

然而，汤恩伯的话音未落，黄河堤防便接连发生决口等重大险情。当年1月下旬，河南尉氏县荣村至岗庄近10公里堤段，因受积凌水侵袭，工料不济，抢护不及，先后发生漏洞险情39处，导致4处决堤；扶沟至西华县道陵岗堤段，亦发生40处漏洞、12处决口；5月中旬，西华县道陵岗口门西坝工程被冲陷，口门扩大。严重的灾情，再次给国民党当局敲响了警钟，加快了加修防泛新堤的步伐。

这年六七月间，汤恩伯在河南周口、安徽临泉接连两次召开会议，部署整修防泛堤防任务，要求继续堵筑未堵塞的口门，修筑贾鲁河及鄢陵双洎河堤防工程，加修周口以西至逍遥镇的沙河北堤；重点加固周口以东沙河南堤，以防泛水越过沙河。会议决定，由河南省政府、黄河水利委员会及边区驻军共同组建“河南整修黄泛临时工程委员会”，并电报国民党军事委员会及行政院，要求拨发工款3000万元，以加快堵口复堤和加强防汛。

此次堤防整修历时一年，先后动员河南的鄢陵、禹县、密县、郑县、临颍、襄县、西平、上蔡、新蔡、汝南、淮阳、沈丘及安徽的太和、临泉等28个县的民工及驻军、地方武装等共40余万众，培修完成了防泛新堤及沙河、颍河、贾鲁河堤防，实施了堵塞荣村、薛埠口、下炉口、宋双阁等决口工程。共修作土方1250多万立方米，用柳枝秸料680万公斤。防泛新堤工程建设及修防费用，总计1.2亿元。

1944年春夏之交，国民党军队在中原会战中惨败。当年9月，在重庆召开的国民参政会第三届会议上，豫籍国民参政员郭仲隗等103人提交提案，揭露汤恩伯利用军权经商走私、囤积粮食落入敌手的罪行，引起众多参政员极大愤慨。为此，第一战区司令长官蒋鼎文被撤职，副司令长官汤恩伯撤职留用，河南省政府全部改组。

1944年汛期涨水，沙河北堤受到严重冲刷，淮阳县宋双阁大堤堤身又被冲开约300米宽的口门。徐福龄冒雨赴工地查看险情，发现溃水是顺旧河道直入沙河，尚未造成灾情，便迅速筹备料物进行堵口，当年用立堵法堵复了口门。

1945年8月15日，日本宣布投降。消息传到水寨，镇上立刻沸腾了！徐福龄眼里洋溢着喜悦的泪花，无比激动地说：“八年的腥风血雨，悲壮惨烈，终于迎来了抗战胜利这一天。”

……

1947年3月15日花园口口门堵复合龙，黄河回归故道。防泛西堤所有各段撤防，移驻故道防守。当年5月，徐福龄被调任黄河水利工程总局南一总段段长，负责防守郑州保合寨至中牟县朱固段黄河堤防。

1948年6月，人民解放战争如火如荼，中原古城开封即将解放。面对军事颓败局势，国民党党局数次命令治河机构南迁。此时正值黄河汛期，大河回归故道不久，极易发生重大险情。徐福龄领导南一总段不离不弃，坚守河防。不久，他率领全段200余职工加入解放区治河队伍，从此投身中国共产党领导的人民治理黄河事业。

新中国成立后，徐福龄一直在黄河水利委员会工作。数十年参加黄河防洪防凌抢险斗争，对下游堤防河势演变规律积累了丰富的经验，被称为“黄河活字典”。他提出的修建沁河杨庄局部改道工程等建议，在防御1981年沁河下游大洪水中发挥了重要作用，为保证黄河防洪安全做出了突出贡献。

直到耄耋晚年，徐福龄依然心系黄河，奋斗不止。作为首任黄河志总编室主任，积极组织编纂黄河史志，先后出版《河防笔谈》、《续河防笔谈》、《长河人生》等个人专著，被中共中央组织部授予“全国离休干部先进个人”光荣称号。他高尚的品德修养，坚定的人生追求，精湛的治河技术，谦和的长者风范，深受人们敬仰。

2015年3月3日，徐福龄先生在郑州逝世，享年103岁。

XUENINGCHANGHE

第七章

胜利前夜

一、从美国白宫到大西洋城

1944年9月30日，星期六。

美国海滨城市大西洋城，碧波万顷，秋意渐袭，风光旖旎。优雅的环境，葱茏的草木，豪华的别墅，此时在战争的频频捷报声中，更显得清爽宜人。

上午9时许，随着一阵急促的刹车声，49岁的中国代表蒋廷黻钻出汽车，踏着林荫小道，走进临时设在这里的联合国善后救济总署（简称联总）大厅。一番规范的礼仪之后，他庄重地向联总最高执行长官李孟署长递交了一份公函和一本厚厚的外交文献。

公函内称："署长阁下：廷黻谨代表中国政府，函送文献一件，题曰《中国善后救济计划》。事项文献，分订11册，论述中国善后救济问题之性质，并提陈工作纲领及估计需要；至于本计划有关财政及机构问题，亦均一一论列。总计划一册，摘要论述中国之需要，分类计划10册，分别详细讨论粮食、衣服、房屋、医药卫生、交通运输、农业、工业、泛滥区域、社会福利及难民等问题。各项资料尚未齐备，如房屋、渔业等问题，仍在搜集中，一俟编撰事毕，当再函陈。中国政府深盼贵署将各项要求，早予审定。中国代表蒋廷黻，1944年9月30日。”

二战时期的美国大西洋城

也许是感到一项重要使命就要完成，蒋廷黻面颊红馥，嘴角润泽，眼睛里闪耀着明光，浑身流溢出极度亢奋的气息。

他1895年出生于湖南邵阳。17岁留学美国，先后就读于派克学院、奥柏林学院和哥伦比亚大学研究院，攻读历史，获哲学博士学位。28岁学成回国后，先后执教于南开大学和清华大学，主授西史大纲、欧洲近代史等，并任清华大学文学院院长、历史系主任。“九一八”事变之后，因发表政论时评且著述甚丰，引起蒋介石的关注和赏识，1935年受任国民政府行政院政务处处长，次年任中国驻苏联大使，开始活跃在国际舞台。

此次美国海滨之行，却是一次非同寻常的使命。

作为人类历史上一场规模空前的战争，世界反法西斯战争战火燃及亚洲、欧洲、非洲和大洋洲，共有80多个国家和地区约20亿人口被卷入其中。

在这场正义与邪恶、光明与黑暗、进步与反动、文明与野蛮的大决斗中，中国人民抗日战争开始最早、持续时间最长，给日本侵略者造成了沉重打击，也蒙受了巨大损失。按1937年的比价计算，中国造成的直接经济损失1000亿美元，间接经济损失5000亿美元。

还在第二次世界大战激烈进行时，几个大国便开始了战后的考虑。

1942年1月1日，美英苏中等26个国家签署了共同反对法西斯的《联合国家宣言》，提出联合国家的目标不仅是打败共同的敌人，而且要建立一个拥有“广泛而永久的普遍安全制度”的世界秩序。

美国出于战后将本国价值观推展到世界各地，并创建一个自己掌控领

1942年1月美英苏中等26个国家签署《联合国家宣言》

导权的国际政治经济秩序的战略目的，对筹建新的国际组织表现得最为积极主动。

对于远东的亚洲盟国中国，美国总统罗斯福认为，美国在战后世界中应居“领导地位”，中国“可以分享对战后世界的共同管辖权，并在联合国安理会拥有一席之地”。

1943年8月苏联红军发起第聂伯河会战，在东欧大草原向德国法西斯展开全面进攻，德军节节向西败退。9月3日意大利宣布投降。11月，吉尔伯特群岛战役爆发，美军在南太平洋多个岛屿组织实施登陆作战。

当年10月，美英苏三国外长莫斯科会议通过《四国关于普遍安全的宣言》草案，中国作为四大同盟国之一参加四国宣言得到认可，宣言明确宣示“建立一个普遍性的国际组织，以维持国际和平与安全”，战后的国际格局雏形乍现。

1943年11月9日，距离感恩节还有一个星期，美国首都华盛顿，人们便早早开始为制作“烤火鸡”这道饕餮美味忙碌起来。绿树草坪掩映中，静谧的白宫，这座美国最高权力的象征，此时又将见证新的重要时刻。

为了使参加反法西斯战争各国尽快走出战争灾难阴霾， 44个国家的代表聚集美国白宫，共同签订了《联合国善后救济总署协定》（简称《协定》），决定成立联合国善后救济总署，抓紧制订促使战后经济恢复，帮助家园重建的一揽子计划。于是，一个诞生于非常时期的国际组织就此应运而生。

该《协定》明确指出：“计划、统筹、执行或准备执行若干办法，以救济在联合国控制下之任何地区内之战争受害者。救济以粮食、燃料、衣着、房屋及其他基本必需品，供以医药及其他重要服务，并于足以供应救济之必需限度内，在上述地区内促进上述之服务与各种必需品之生产及运输。”

关于实施救济的原则与经费筹集，《协定》明确规定：联总所属的各种资源，无论在何处，都将根据该地人口的相对需要公平地分配和分发，不得因种族、宗教和政治信仰不同而有所歧视。在任何情况下，善后救济物资及服务，不得利用为政治或军事的工具。联总行政经费由各会员国共同负担，其业务费则由德国、意大利、日本，尽可能捐出其国家每年国民收入的百分之一组成。

联总的救济工作范围包括：在曾遭轴心国军队占领而经同盟国军队收复的地区，供给必须的物资及服务，以防止饥馑与瘟疫。善后工作范围大致限于恢复灾区内因战争而遭受损失的公用事业，及协助恢复生活必需品的生产及运输。联总灾区工作的开展，大多有联总派员执行，或与蒙受战灾国家政府合作办理。

这些基本框架，建构了联总的行动愿景。

毫无疑问，作为亚洲受战争摧残最严重的国家，中国应是联总善后救济工作的主要国家。当时在白宫代表中国签字的全权代表，正是蒋廷黻。他学识渊博、思辩敏捷，发起言来，有理有节，精辟动人，为中国争取了不少实惠。

在联总召开的第一次善后救济大会上，与会各国代表为了能使本国在战后重建中切一块大蛋糕，你争我夺，互不相让，火药味萦绕会场，一度逼近燃点。当时中国政府初步编制的救济计划，需救助物资25亿美元。而当时，联总筹集到的基金总额总共才18.2亿美元，因此在联总当局看来，中国提出的数字简直就是天方夜谭。对此，蒋廷黻左右斡旋，反复谈判，最终达成“资助中国5.35亿美元、另加1.125亿元海洋运输费”的议定。即便如此，也已占到联总全部预算的三分之一。

蒋廷黻在联合国善后救济总署大会上发言

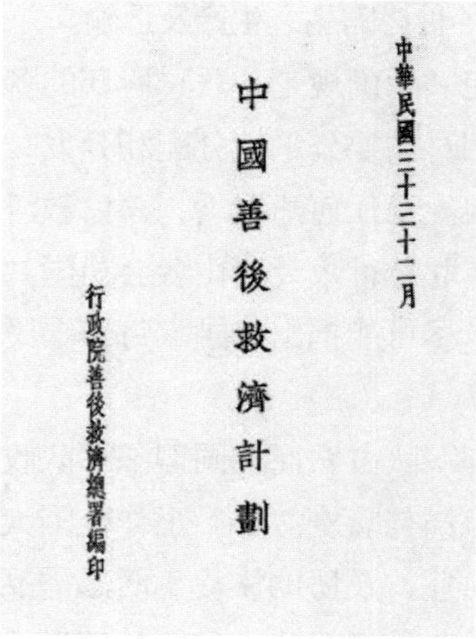
中華民國三十三十二月
中國善後救濟計劃
行政院善後救濟總署編印

1944年编制的中国善后救济计划

在争取中国的大国地位上，蒋廷黻亦出力不小。

当时联总内部设立了由中、英、美、苏4国组成的中央委员会。为使一些专门问题能及时向全会提出政策建议，蒋廷黻极力提议设立远东和欧洲两个区域委员会。建议被采纳后，他又以“中国乃联总创始国，且战灾影响最重”为由，提出由中国代表担任远东区常任主席，也得到普遍认同，从而为中国在联总争取到了重要的发言权。

就是在那次白宫会议上，蒋廷黻向各国代表报告了黄河花园口大决堤的“战争惨祸”。当他讲到这场惨祸仅人口伤亡，就等于消失了一个比利时、灭绝了一个卢森堡，在座者无不是瞠目结舌，惊诧万分，各国代表们对此表示深切同情，一致同意将堵复花园口决口、黄河回归故道，作为善后救济计划中一项宏大工程，列入战后首要之举。

走出联总大厅，蒋廷黻感到如释重负，漫步在海边柔软的沙滩上，一种久违的惬意在心头飞散开来。

是啊，眼下太平洋战场正在疾速推进，反法西斯战争的全面胜利乃期望中事。此时此刻，在这大西洋城，修改完善的中国战后救济计划书已正式呈交联总。该项计划包括中国消除战争后果，筹谋经济重建的通盘计划。如能顺利通过，对于中国战后经济的恢复，无疑是个不小的福音。身为中国全权代表，他怎能不感到格外欣慰呢！

……

尤为令蒋廷黻感奋的是，在这个总体计划中，有一项旨在洗刷国民政府昔日奇辱的“谢罪”工程——黄河花园口堵复工程。

往事如烟。6年前那场黄河决口改道，使豫皖苏三省60余县身陷泽国，洪水横溢，饥荒连年，泛区民众流离失所。因黄水夺流，泥沙淤积，淮河运河益难治理，更兼殃及长江，导致扬子江下游受到严重胁迫……所幸，堵塞花园口决口、让黄河回归故道，如今已被提上联总议事日程。他虽然不是工程技术专家，但从那一项项调查得来的数字中，就足以感受这一工程的浩繁和艰巨：

重型机械，牵引机、平路机、打桩机、压路机、起重机、机修车、抽水机、电焊机等100余部（种）；交通工具，小火车、大卡车、大小吉普车、钢轨翻斗车480余部（辆）；建筑材料，钢丝、木桩、水泥、木板等3500多卷（根）；耗费工日，打峨、架桥、装土、运石、木工、编制铁丝笼等200多万个；需动用土石方350多万立方米，工粮6873余吨。仅花园口堵口工程各项物资折价，就需要460多万美元！

还有下游复堤与险工消除的繁重任务呢！花园口决口黄河改道后，原有堤防早告废弛，沿河堤埝残缺不全，如若河水回归故道，修堤除险亦需抓紧着手进行。河防器材、工粮筹赈、河床居民迁移，都需要一笔不小的数目啊！……所有这些悬而未决的问题，浩繁复杂的河防工程，谁又能说得清楚呢？

蒋廷黻突然愁上心头，叹息连声，双脚也跟着放慢了速度。

在美国这些天来，他常常会生出一些无际的感叹来。据联总议案规定，这次善后救济，凡未被敌军侵犯的国家，均应捐其全年国民总收入的1%。如此，仅美国本年就需捐出13.5亿美金。相比之下，抗战以来，中国几乎每地皆难，无处不灾，至今仍然烽火未息。中国得到的5.35亿美元救助，还不够美国两天的战费；按中国国内受侵区3亿人口计算，每人平均也只有1.7元美金，可谓戋戋之数，根本不敷支出……中国啊中国，你何时才能结束战争纷扰，消弭战火硝烟，铸剑为犁，真正走向经济建设的复兴之路。

蒋廷黻停下了脚步。他向着东方的大洋彼岸久久凝望着，一张学者风度的脸庞上布满了忧郁与遐想……

二、水工专家在行动

大洋彼岸拟订受害国战后恢复重建计划的消息，如一股飘洋过海的强劲春风，传到了数万里之外的中国重庆。

作为战时陪都，这座山城遭受日寇长达6年多的狂轰滥炸，造成3万多人伤亡，17600多幢房屋被毁，成为遭受日本野蛮轰炸规模最大、持续时间

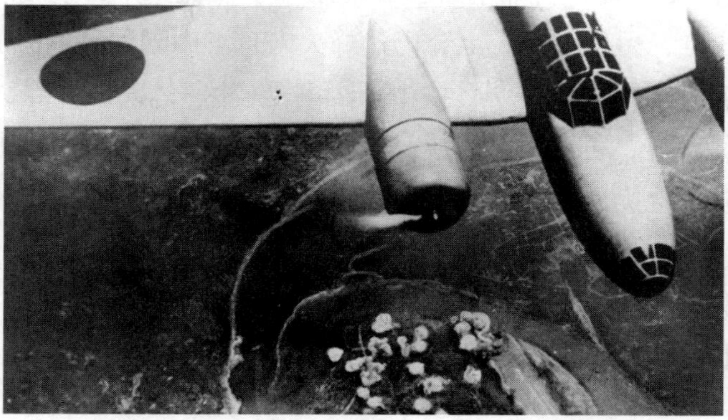

日军飞机对重庆疯狂大轰炸的情景

最长的中国城市，史称“重庆大轰炸”。

在同样饱受战火蹂躏的嘉陵江边的上清寺，中央水工试验所宽阔的试验场内，一位西装革履、身躯劲拔的水利工程师，正在聚精会神地与同事们进行着黄河花园口堵口模型试验。

他叫谭葆泰，中央水工试验处河工实验区主任、水利工程师，字一之，广州新会人。早年留学美国，专攻水利工程，尤以河工模型试验见长。回国后，曾任中国水利工程学会出版委员会委员、水工名词编订委员会主任。1935年12月中央水工试验处的前身中央试验所临时水工试验室建成，他即开始在该所开始水工模型试验工作。在当时的简陋条件下，主持开展了导淮工程三河活动坝、扬子江马当水道整理计划、扬子江镇江水道整理计划、华阳河滚水坝等多项水工模型试验。

位于洪泽湖口的三河活动坝，是导淮入江水道上的重要工程，三河入江最大设计泄量为9000立方米每秒，试验目的是研究三河活动坝水流情况及避免河床冲刷的措施。当时，三河活动坝已开工建设，谭葆泰与吴以敎、陈明绍等同事，依照霍特模型律、试验室面积、模型冲刷速度界限等因素设计了试验模型，从河南运来白煤屑作为模型沙。在几个月内，从办

1936年国民政府在南京创立的中央水工试验所，抗战时期迁移至重庆

理试验到编制报告，通宵达旦，连续作业，将试验结果随时告知导淮委员会，为组织施工提供了参考依据。谭葆泰等水利专家的这些试验工作，被誉为“中国近代水工模型试验的先躯”。

1937年10月，中央水工试验所在南京清凉山下正式建立，迅即因战局形势所迫，随国民政府西迁至重庆。在日军狂轰滥炸的严重袭扰下，该所在这里先后创建、合作建立了盘溪水工试验室、石门水工试验室、昆明水工试验室、土工试验室、水工仪器制造工厂等多处试验场所，并奉命统筹管理全国各省水文测验事宜，由此集中了一大批水利专家学者。

作为这支专家队伍中的一员骁勇战将，谭葆泰在这里接连主持了四川长寿龙溪河水力发电厂拦河坝、长寿桃花溪水电厂暗渠、四川綦江盖石峒、羊蹄峒、石溪口、花石子滚水坝、綦江船闸、陕西黑惠渠滚水坝及进水闸、黑惠渠试修复计划、汉惠渠筏道、甘肃湟惠渠进水闸等20多项河工模型试验。

四川长寿龙溪河水力发电厂拦河坝位于长江支流龙溪河狮子滩上游，设计流量30立方米每秒，装机1.6万千瓦，是一座为重庆市区及附近工厂提供能源供应的工程。1938年4月接手这项试验任务后，谭葆泰与同事们反复研究设计模型，认真比选试验材料，精心观察试验，结果印证了原设计水力计算的合理性，并对试验中发现的个别相悖现象，及时提出了改进建议。

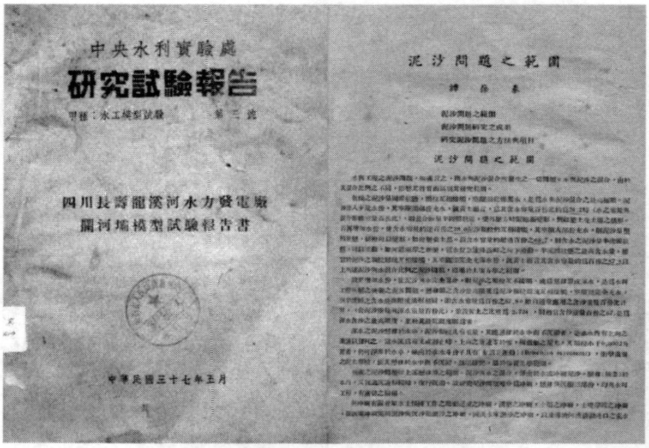
中央水利實驗處
研究試驗報告
甲種：水工模型試驗 第三號
四川長壽龍溪河水力發電廠
攔河壩模型試驗報告書
中華民國三十七年五月

泥沙問題之範圍
譚葆泰
泥沙問題之範圍

谭葆泰主持试验并编制的四川长寿龙溪河水力发电厂拦河坝模型试验报告书及在《水利》月刊发表的论文《泥沙问题之范围》

当年9月，谭葆泰征尘未洗，又受珠江水利局委托投入广州芦苞活动闸模型试验。珠江由东江、西江、北江组成，素称“三江分流，八口入海”。芦苞地处三江汇流处，珠江在这里形成天然的“V”字形河道，每次发水，洪水就一发而不可收拾。北江涨水最高时，芦苞涌流量2100立方米每秒，西南涌流量1500立方米每秒，二水并注，常使广州市及其西北一带遭受潦患泛滥。为确保广州防洪安全，1923年珠江水利局在北江东岸建成芦苞活动闸，闸长101米，分为7孔，中间一孔宽23米，未设闸门，两边6孔各宽10米，闸墩宽3米，设司东尼式活动闸，以绞车启闭。芦苞活动闸建成后，当北江潦水高涨时，即将两旁6孔之闸门关闭，只余中孔泄水分洪。但因水流湍急冲刷河床，致使坝身安全受到严重影响。该项模型试验旨在研究加固中间孔闸门及消力设备，保证坝身安全。试验中，谭葆泰身体力行，亲自设计模型，主持观测试验并编制报告，经过三个月的紧张工作，为闸门加固工程提供了可靠的数据。

在重庆的九年中，谭葆泰及其同事们开展的水工模型试验一个接一个。其间，他们时常遭到敌机轰炸。有时听到防空警报拉响，急忙抱着试验仪器往防空洞跑，敌机“嗞”的一声尖叫划过，炸弹就在身边爆炸，震得他视力模糊，耳鸣不断。一次轰炸时，通往防空洞的石头台阶被炸飞，热浪携带着火团扑进洞里，将他的衣裤都烧着了。在残酷的战争环境下，谭葆泰们呕心沥血，日夜劳作，为战时大后方的水利建设出力报效。

时值1944年初秋，当黄河花园口堵口试验这项新的任务终于翩翩来临时，谭葆泰神情激奋，两眼光彩灼灼，心中涌起一阵阵热潮。

他想起1942年9月与张瑞瑾副研究员赴花园口那次实地查勘。为了给战后黄河花园口堵口作准备，当年8月，黄河水利委员会拟订了《战后五年建设计划》，其中的黄河堵口工程计划，包括堵筑花园口口门、修建挑水坝、修作防护工程、赵口复堤、开挖引河、善后备防等6项工程，上级命令就此着手先做模型试验。当时，中原战局形势依然十分紧张，花园口附近中日两军隔岸对峙，炮声隆隆，子弹不时从身边落下。他们乘船到花园口口门下游1公里处实测了新河槽断面的河床平均高度、水深、流速等水文情况，勘察了河床冲刷范围及其变迁趋势，掌握了开展堵口模型试验设计的基本技术数据。时值历史罕见的旱灾蝗灾之年，沿途看到大批背井

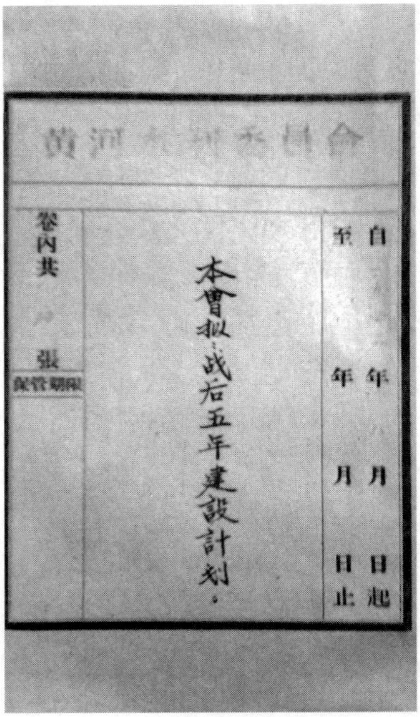

1942年国民政府黄河水利委员会拟订的《战后五年建设计划》

离乡的灾民，衣衫褴褛，在寒风中瑟瑟发抖，不少难民已经奄奄一息。在郑州，这座十几万人口的城市只剩下3万人。那难民的呻吟，悲惨的场面，在他心中产生了极大震撼。

返渝后，根据此次现场查勘掌握的数据，谭葆泰和他同事们初步拟订了模型试验计划纲要，随即开始进行堵口计划书等前期工作。

1943年春，他们提交的计划纲要和堵口计划书经中央设计局核定，被纳入国民政府水利委员会《复原计划纲要》。该纲要在部署黄河堵复问题中强调指出:此举关系重大，影响深远，应将黄河堵口回归故道，作为全局性部署的出发点。

黄河堵口工程计划终于得以最终确立。在试验场里，谭葆泰双眼湿润，情绪激动地对同事们说道："5年前，黄河花园口决口给泛区带来了巨大的损失，灾民流离失所，泛区生态环境恶化，引起了世界各国的共同关注。要解除这一泛滥之害，必须堵口复堤，这是事关泛区人民重建家园、恢复生活、经济复兴的首要任务。我们从事河工研究人员，能够亲手为黄河堵口归故做一些科学工作，这是我们义不容辞的责任和使命啊！"

黄河花园口堵口模型设计，很快在重庆北部的盘溪试验室河工实验区拉开帷幕。

堵口试验，首先需要研究确定堤线、合龙位置、挑水坝、引河等关键技术。所谓堤线，是要通过测验堵复进占时，口门上下游流速、流向以及冲刷深度，以此比较堤线优劣；合龙位置，是要根据流速、壅水高度及冲刷关系，测验决定两岸进占宽度比例；挑水坝，是要测验坝体形状、位置、长度、阻水功效，确定该坝最佳布置；引河，则是通过测验在各种水位条件下的泄水能力及冲刷情形，决定引河位置及尺度。

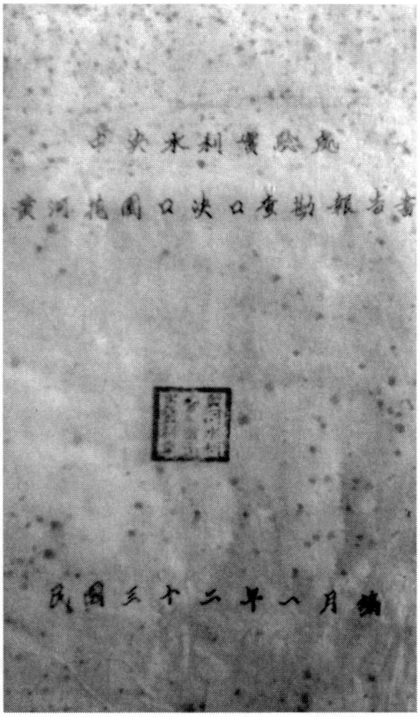

1943年，中央水利实验处编制的黄河花园口决口查勘报告书

关于堵口试验模型设计的参数，考虑到两端进占时，决口河床的刷深对工程影响最大，必须选择适宜的河床泥沙使之按比例吻合。因此，他们决定将试验分为泥沙移动试验和堵口模型试验两部分。前者采用在花园口采集的河床砂样，通过试验以确定其临界冲刷力。后者试验包括决口上下游各5公里和旧河槽2公里，平均水深选取1.5米，堵口时流量按黄河通常低水流量1100立方米每秒，平均流速约为1.5 米每秒。

根据这些基本因素，结合试验场地面积、给水量及试验水流雷诺指数为70000等条件，设定了模型比例，确定花园口堵口模型各项技术指标为：长度120米，宽约50米，水深0.15米，流量0.345立方米每秒，流速0.48米每秒，水流冲刷力0.33千克。同时，考虑到堵口两岸进占时，上游水位抬高，水流自口门下注，主要受地心引力作用，河道主要受水内阻力及河床糙率影响，模型设计以霍特模型率为依据。

万事俱备，只欠东风。一场黄河堵口试验的全盘计划就此大定。

为了增强试验结论的可靠性，弥补小型试验的不足，中央水利研究处曾计划在陕西渭惠渠附近开辟河工实验区，修筑露天巨型河工实验场继续试验。因日军空袭骚扰中断，遂改在四川长寿县龙溪河设立试验室，进行花园口堵口巨型试验。

长寿县龙溪河实验场靠山面水，占地10余亩，水源取自龙溪河下清渊洞水电站，试验条件十分理想。1944年9月，谭葆泰主持、郑兆珍、严镜海等参加的黄河堵口模型试验在此举行通水试验。本次试验主要包括黄土颗粒分析、黄土水流黏度、黄土水流试验、黄河堵口模型初步试验、堵口巨型模型试验预习。试验中，他们运用河道悬移质泥沙运动、水力学分析等基础理论，结合现场观测分析，在堵口口门泄水量、河底冲刷、平堵时水力冲刷、口门壅水及冲刷深度计算等重大技术问题上，又取得一批深层次战果。后来，谭葆泰将该项试验报告的一部分整理成题为《黄河堵口口门河床冲深之研究》论文，发表在国民政府水利委员会主办的中国水利学会《水利》月刊。

1945年10月的一天，长寿县龙溪河畔，云白天晴，露寒风爽，秋韵黄叶，悠悠飘落。谭葆泰奉命主持的黄河堵口大比例尺水工试验在这里隆重举行。

这是花园口堵口实战前的最后一次模型试验。参考此前黄河冯楼、贯台堵口的实战经验，本次试验重点对开挖引河、口门泄水量、河底冲刷等进行认真观测演算，最终提交了三项成果：第一，按冬春季节黄河流量小于2000立方米每秒计算，用捆厢进占法将口门收窄至200米，河堤不致刷深；第二，最后200米口门建议改用抛石平堵法进行；第三，为防止春季施工桃汛异涨，平堵部分可留宽400米，以确保流量4000立方米每秒情况下不至于发生意外。为避免抛筑石坝时坝顶溢流，本次试验还模拟在口门下修筑一道透水坝，以抬高下游水位，减轻坝顶承受的压力。从试验室到河流现场，从基本资料、研究设计到实战操作，一系列模型试验研究成果，为花园口堵口进行了大量技术准备。

……

1946年8月抗日战争胜利后，中央水利实验处及所属研究机构先后自重庆迁返南京，谭葆泰亦率河工实验区全体成员回迁南京清凉山水工试验室旧址。

此间，他作为行政院水利委员会组织的黄河治本研究团成员，全程考察河南孟津至青海贵德河段，参与编写了《黄河上中游考察报告》。同年12月，美国治黄顾问团应中国国民政府行政院邀请来华，谭葆泰作为中方总负责人，参加中美专家联合开展的此次黄河考察研究，参与完成《治理黄河初步报告书》。

1946年花园口堵口复堤工程局成立，花园口堵口工程正式开工，谭葆泰多次抵临现场进行技术指导。

1947年3月15日，花园口决口堵复合龙，当年5月31日，谭葆泰获国民政府授予的四等景星勋章。

1948年，谭葆泰被国民政府派往联合国有关机构任职。其后，晚景不详。

XUENINGCHANGHE

第八章 大河东归

一、善后救济咏叹调

1945年11月8日，上海外滩。海关大楼的钟声惊起了早飞的鸽子，黄浦江上满载3500吨救济物资的轮船，在汽笛声声中徐徐抵达上海。

1945年，联合国善后救济总署援华物资抵达上海

两个月后，1946年春，联合国善后救济总署（简称联总）分配给河南省的援助物资陆续抵达豫境。于是，坐落在开封市民生街的红洋楼里顿时忙碌起来。

这是一幢颇具典雅风韵的西洋建筑，系1917年北京邮政总局拨款为当时河南邮务管理局邮务长英国人阿良西兴而修

开封红洋楼，国民政府行政院善后救济总署河南分署所在地

建的办公室兼公寓。地下一层，地上两层，红砖红瓦，白灰勾缝，木制门窗，为典型的巴洛克式建筑。

不过，此时它已成为国民政府行政院善后救济总署河南分署所在地。分署署长马杰，高挑的个子，眉宇英锐，西装革履，一副学者风范。他1901年12月出生于河南罗山，青年时期以优异成绩考入清华学堂，后留学美国俄亥俄州立大学，先后获该校授予的学士、硕士、博士学位。1931年回国后多年从事高等教育，历任南京金陵大学教授、中央工业专科学校教务主任兼化工系主任、四川自贡工业专科学校校长等职，在战时培养了一大批工程技术人才。

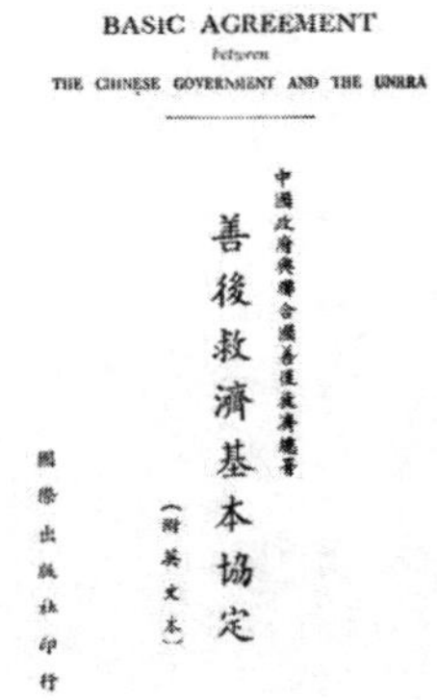

BASIC AGREEMENT

between

THE CHINESE GOVERNMENT AND THE UNRRA

中國政府與聯合國善後救濟總署

善後救濟基本協定

（附英文本）

國際出版社印行

中国政府与联合国善后救济总署签订的善后救济基本协定

1944年联总确定包括黄河花园口堵口工程在内的中国善后救济项目后，专门在中国设立了分署，监督指导善后救济工作。为了衔接联总的工作，中国国民政府亦成立行政院善后救济总署（简称行总）。总署署长蒋廷黻在与联

马杰与夫人王世宝美国留学回国时合影

马杰担任行总河南分署署长期间用过的工作箱和记录善后救济工作的记录本

总驻华代表签订的《中国国民政府、联合国善后救济总署基本协定》中，详细厘定了中国政府与联总的关系，其中规定：联总无偿供给中国之善后救济物资及服务，中国政府应遵循“决不对任何民族、信仰和政治倾向不同的个人或团体有所歧视”的原则，运用联总提供的物资，自行办理在中国领土内的善后救济。当时，蒋廷黻还对联总拍下胸脯：“若联总援助物资抵华，计划定可实施，在最近一二年中，中国可无饥荒。”

抗战胜利后，行总迁返南京，即在河南、安徽、上海、浙江、福建等受战灾严重的15个省市设立分署，分头着手负责各辖区的善后救济工作。马杰亦于此时受任行总河南分署署长之职。

面对新的使命，他夙夜无寤，思虑惓心：战争期间，河南饱受战争和天灾摧残，黄泛区无数难民外逃，大量田地撂荒，村落十室九空，民众灾难深重。如何使乡亲们走出战争阴霾，尽快恢复生产，他深感责任沉重。为此，他首先为分署订立了严明的工作守则：“清贞自矢，不辞劳苦，负责彻底，坦白公开，迅速敏捷，公私分明，事必躬亲，态度和蔼。”接着明确分工，制订了工作计划，决定成立赈务、储运、卫生、行政四个大组。全署人员立即奔赴各地，开始了紧张的工作。

这是河南分署当时的一份任务台账：

接受联总来豫物资与种子专款，为110个县、200万灾民发放2.7万吨赈济粮食；在许昌、漯河、周口、谭庄、逍遥镇、鄢陵设立6处接待站，接送38万黄泛区难民返乡，为其提供食宿，协助修造5390间住房；发放黄河堵口复堤工程以工代赈2.85万吨工粮；兴办黄泛区水利与防沙工程，培修9道河堤，疏浚河道70公里，修建灌溉渠道109公里，农田受益面积200万亩；推广良种，培训农机人员，为难民复耕田地162.6万亩；修筑道路18条，长1600公里；开办电厂、煤矿、小型工厂等工矿救济83座；修建学校56所；发放医药器材978吨，协助修建扩建医院68处，建立卫生队所11个；接受花园口堵口工程、广武至花园口铁路工程所需施工设备器材5000吨，为14万民工发放11万吨工赈粮食……

任务之艰巨，头绪之繁冗，由此足见一斑。其中，重中之重的黄河花园口堵口工程，迎面而至。

鉴于该堵口工程任务浩繁，国民政府决定，由行总河南分署负责组织民工、运送物资、发放工粮等，由水利部门负责堵口工程技术工作。

到1945年冬，黄河夺流改道已逾7年，此时花园口决口口门宽达1460米，最大水深9米，平均流速1.21米每秒，过水流量为746立方米每秒，滚滚浊流如脱缰野马，一泻而下，势不可挡。何况，这一河段经过多年淤垫，枯水时节还比改道后的黄河水面高3米，在如此高差下让水往高处流，引黄河回归故道，难度极大。

为此，1945年12月国民政府水利委员会决定专门成立花园口堵口工程局，由黄河水利委员会委员长赵守钰兼任局长，潘镒芬、李鸣钟任副局长，陶述曾任总工程师，下设工务、会计、材料、运输等部门。其间，水利专家们提出了立堵法和抛石平堵法两种方案。

所谓立堵法，即传统的捆厢进占。在决口两坝头相向捆下大埽，下游一面跟筑戗土，使口门逐渐收窄，直至两埽合龙后截流，随后加培加固大堤，堵口即告完工。其优点为：堵口所用的秫秸、柳枝等主要材料可以就地取材，黄河治理机构拥有技术熟练的工人与成熟的做法。其不足之处在于，口门收窄时，水流湍急，河底最大刷深可达30多米，施工困难，合龙不易。

抛石平堵法，即在浅滩部分仍用捆厢进占法，只做一条单坝，后戗变成大堤，深水部分修建排桩木桥，上铺铁轨，用小火车和手推平车运送大块石料抛到桥下，堆成拦河石坝，截住河水，逼水回归故道。因为此地黄河土质是细沙，抛石之前，先在桥下和桥位的下游铺一层柳枝编成的垫褥，石块抛在垫褥上，使其不致沉入泥中，下游河底也不至于被湍急的流水冲成深坑。当拦河石坝达到相当高度，为抗御坝顶急流冲击，改抛柳石大枕。这样层层加高，完成合龙，然后在石坝后面加筑大堤，可保安全。此法曾在黄河山东利津宫家坝堵口时用过。但宫家坝是黏泥土质，而花园口河床则是流沙，施工条件相差很大。

两种方案何去何从，谁也不敢轻言。

经过专家们反复研究讨论，国民政府水利委员会最终决定采用打桩修建便桥抛石平堵法。该方案共由四大工程组成。

一是东坝。在东坝堤头厢裹头埽，平均宽30米，长20米，高深10米。由东坝裹头进占作为东桥头坝，宽10米，长40米，高深12米，坝顶高程93米，东坝头以下修补一段新堤，顶宽20米，长1150米，堤坡临河背河均为1∶3。

二是西坝。自原有西坝裹头起，修筑新堤，顶宽20米，长800米，平均高8米，坡度背河1∶3，临河1∶2，临河每隔150米修护滩坝一道。新堤以下接修占埽，宽10米，长355米。背河帮戗堤，顶宽20米。浅水占以下，盘裹坚实，作为西端桥头坝，宽10米，长20米。

三是堵口大坝。由东西两端接修截流大坝，长400米。底部以柳枝、软草编扎成柴排，宽50米，高0.5米，长450米以上，顺水平铺于口门之间，上压0.5米厚碎石，以防冲刷河底。下游浅滩处，为防大坝被水冲走，打木桩一排，出水高度及桩距各1米，以增加抗冲力。再用柳枝在木桩上编成柳篱，在深水处打长桩2～3排，共计宽23米，桩间纵横铺镶柳枝，层层压石。在上游，为运送重型设备与石料打，排桩架桥。每根桩长10～20米，每6根为一排，桩距2.5米，排距4米，均高出水面4米。桩基上安装纵横架及木板，修成13米宽大桥，铺设5条轻轨铁道。开始时，向桥下抛填石块，当坝前水位抬高后，改为抛柳石滚。

四是挑挖引河。花园口口门以下故道，因淤积过高阻碍水流，须开挖南北两条引河，南股长4.73公里，北股长5.38公里，底宽为20米，汇成一股后再挖2.67公里长，底宽增至30米，深度以地势高低而定，估计需挖土25万立方米……

此间，中共中央也在密切关注着联总的对华善后援助政策。抗日战争中，中国共产党领导的广大敌后战场，消耗和牵制了日本大量兵力，解放区军民为此付出了极大牺牲，理应公平地获得正当的权利。

1945年7月，中共中央在延安成立解放区临时救济委员会（简称解总），由董必武、李富春和吴云甫负责，各解放区也相继设立分会，开始对抗战中解放区财产损失及所需援助等情况进行调查统计。经与联总、行总联络交涉，初步签订了《行总与中共关于共区救济协议》，该协议重申“善后救济工作不能以任何理由而有所歧视”的原则，商定了救济实施办法。

联总、行总、解总，三套机构，三种立场，勾勒出了中国战后善后救济的组织关系图。然而不久，中国时局的突变，却使善后救济的实施充满了波折与变数。

军事摩擦升级，内战一触即发。在此境况下，行总作为国民政府的行政机关，既要服从国民党当局的军事政治决策，又要根据中国政府与联总签订的基本原则，履行实施善后救济工作的义务。这一角色，使其时常左支右绌，处于两难境地。这在行总的一份报告中，即可看出当时其内外交困的纠结心态：“日寇侵略所造成的难民，尚未安居，而国内烽火又起，返乡难民再度流离失所。铁轨刚刚重新铺设而又遭破坏，河堤抢修不久，兵连祸结，保养失方，又复溃决。”

对此，行总署长蒋廷黻也坦言检讨道:“行总虽竭力救援，挽救了300

多万饥民的生命。然而，由于缺乏运输工具和业务经费，未能将更多的粮食和急救品及时运入灾区，只好眼巴巴望着数以万计的饥民活活饿死，造成急救工作的失败，留下惨痛的教训。”

此间，在复杂多变的军事政治形势下，马杰率领河南分署同仁不停地奔走于荒芜的黄泛区各地，接送返乡难民，发放赈济工粮，组织农业机械复垦队，组织疏浚河道，修建灌溉渠系，克服许多意想不到的重重困难，安置了数百万灾民，为河南黄泛区战后复兴重建做了大量富有成效的工作。在国共两党黄河归故谈判中，他坚持公平分配原则，注重维护解放区灾民的利益，主张花园口堵口与故道下游复堤同时进行，受到了中央军委副主席、中共驻南京代表团首席代表周恩来等人的高度赞扬。

1948年3月，行总河南分署结束了为期两年多的善后救济使命。离职时，马杰在对分署同仁的讲话中感慨而惆怅地说道：“抗战胜利后，我们满怀志愿和极大的热情，来河南办理善后救济事业。两年多来，各位同仁恪尽职守，勉力而为，完成了不少工作，但仍未能达到预期目标。其中，最主要的原因是时局复杂，这是我们无法克服的。我与大家的这段共事，

1946年在上海举行黄河归故谈判期间，中共首席代表周恩来与马杰（左2）等合影

将成为终身值得记忆的史迹。待形势安定后，我们仍要以这种奋斗精神为国家建设继续做出贡献。”

马杰在黄河归故谈判和善后救济中的公平正义立场，给周恩来留下了深刻的印象。1949年上海解放前夕，饱受战祸之苦的马杰，身居一间简陋寒舍，正在为去台湾或留在大陆举棋不定之际，周恩来专门托人给他捎来口信说：良禽择木而栖，贤士识时而搏，望他能留下来参加新中国建设。周恩来的指引，坚定了马杰留在大陆的决心。

行总河南救济分署主办的工作周报

新中国成立后，马杰积极投身新中国成立初期的经济建设，历任河南省工业厅副厅长、轻化工业厅副厅长、河南省人民委员会委员、省人大代表、省政协常委等职。不幸的是，“文化大革命”中，他被扣上“美蒋特务”、“反动学术权威”等罪名备受折磨，1975年致病去世。1979年，河南省召开追悼大会，为其平反昭雪。

根据逝者生前的遗愿，2001年5月的一天，在其女儿等家人陪伴下，马杰夫妇的骨灰在花园口撒入奔流不息的黄河……

二、诡谲的“三角结”

1946年1月11日，是农历腊月初九，黄河故道两岸的人们在对和平建国的殷切期待中，将迎来战后的第一个春节。

联合国善后救济总署黄河花园口堵口工程顾问、美国人塔德Oliver J. Todd

这时，两辆美国吉普车匆匆驶出开封城隍庙街一处公所，疾速向东方的黄河故道奔去。

驾驶首辆车的是一位美国人，名叫塔德，水利工程师，1880年生，毕业于美国密执安州大学土木工程系。1920年代应邀来华帮办水利，曾主持山东利津宫家坝黄河堵口获得成功。1936年受任黄河水利委员会顾问，参加了山东董庄黄河堵口工程。不菲的堵口经验，《黄河问题》的个人专著，使其在中国水利工程界名声鹊起。花园口堵口工程开始后，他遂被联总中国分署聘为黄河堵口工程顾问。

“没有什么能比这份工作让人愉悦了。黄河就像我的一位老朋友，再次与这条黄龙搏斗是诱人的，我接受了任务。”新差事上任伊始，塔德如此表达心怀说。

此时，同行的另一辆车上，坐着国民政府黄河水利委员会副局长潘镒芬、顾问陈汝珍、王恢先等人。

黄河回归故道，直接涉及故道下游中共占领的冀鲁豫解放区和渤海解放区。如今，花园口堵口即将开始实施，国民政府尚未就此告知当地解放区政府及两岸民众。历经八年战乱，那里的堤防情形怎样，解放区对此意向如何，这些都急需开展现场勘察，摸清实际情况。他们此行，正是为察看河南、河北、山东三省黄河故道堤防情况而来。

虽然一路同行，却各有心事。

在塔德看来，花园口堵口，只要石料运输能及时跟上，抓紧赶工，预期完成应无问题。黄河问题，举世关注。办成如此具有重要影响的一件大事，无疑将使联总在国际社会的声誉大大增强。而他本人，作为联总的首席顾问，其功业自然更添新彩。于是，此行之初，他就打好了算盘，不管解放区反应如何，如期动工实施堵口，刻不容缓。

堵复前的黄河花园口口门航拍片

而多年与黄河打交道的潘镒芬等中国工程师，则另有一番见识。黄河堵口，非同一般，不仅工程技术复杂，河势水情多变，而且人文因素也决不可轻看。故道下游堤防险工，多年失修，毁坏严重，绝非短短数月内能够整修完成。如若处理不好，导致此堵彼决，造成新的泛滥，将难免制约堵口工程顺利进展，甚至带来更大麻烦。

潘镒芬们的担心果然应验。

得知国民党政府加紧筹备花园口堵口施工的来意，冀鲁豫解放区行署紧急呈报延安。1946年2月13日，中共中央就此向晋冀鲁豫中央局、华东局发出指示，指出：黄河归故，关系重大。黄河一旦归故，极易频发水灾，对解放区人民极端不利。一方面，我们应提出参加国民政府水利委员会、黄河水利委员会和堵复工程局，以便了解事实真相，积极应对。同时，立即动员故道群众，尽快修复残旧堤坝，保护人民利益。

而在国民政府最高决策者看来，实施花园口堵口工程，引黄河归故，可谓一举数得。

一则，可洗雪战时政府扒口之前耻，复兴黄泛区经济；二则，有联总财力、物力、人力的援助支持，顺理成章。更为至关重要的是，八年间，中共在黄河故道两岸开展敌后抗战，建立了大片根据地。地处中原腹地的冀鲁豫解放区，南至陇海铁路，北抵漳河，西临平汉，东濒津浦，建立的专署和县级政权就有110多个。山东解放区则包括津浦线以东的山东大部及河北、江苏两省广阔地域，建立专署、县级政权更多达40余个。1945年9月晋西南之役，国共两军战后首次交锋，国军以11个师3.5万人败于共军部队。10月邯郸再战，国军7个师4.5万人沿平汉路北进，进攻晋冀鲁豫边区首府，又遭惨败。军事进攻接连受挫，一下打乱了国军打通平汉铁路线、抢占华北的行动。如今，眼见得中共占领的华北、华中、山东三个解放区，已成犄角之势。这一局面，对国民党军事布局十分不利。此时引黄河归故，尤能起到分割中共解放区的功效。此时不为，更待何时！

就在塔德一行此次查勘回去不久，国民党中央通讯社率先发布消息，紧随其后，国民党的各大媒体也纷纷宣称“黄河回归故道工程能于两月内完成”，为实施花园口堵口大造舆论。

3月1日，花园口堵口工程正式开工。

从郑州花园口至山东利津，故道两岸大堤长达1280公里，沿河两岸险工达五六十处。自1938年改道断流后，河堤经年失修，又遭战争摧残，可谓遍体鳞伤、满目疮痍。加之河槽内又新添了许多村庄，大量群众耕作生息于此。在浚河复堤尚未进行之际，此时实施花园口堵口，无异于医治旧伤的同时，又在黄河故道酿造一场新的祸患。这一违背公理的悍然行径，很快引起黄河故道解放区群众的激烈反对。成千上万的群众民怨沸腾，游行请愿，甚至提出要在故道内修筑拦河横堤，阻水东流。

于是，国共联三方，棋布错峙，纵横交织，一场围绕黄河回归故道的斗争就此展开……

4月20日，国民党的《中央日报》公然宣称：倘秋汛期前不能完成全部堵复工程，政府方面实不能负其全责。

为顾全大局，争取治河与舆论主动，中共中央驻重庆代表团负责人周恩来急电解放区政府，强调指出：应坚持“先治河后堵口”的原则，立即集中力量修复故道堤防及浚河整险工作，以策黄河回归故道防洪安全，并争取联总、行总的粮食器材款项，坚持斗争不放松。

此间，国民政府内部的水利专家对于一味强行堵口，也深感忧虑。他们认为：堵口石料运集工地甚少，下游堤防未复，两个月内完成堵口决不可能。于是，根据中国专家的建议，黄河堵口复堤工程局重新调整了施工计划，经国民政府水利委员会组织研究批准，拟定：堵口工程在大汛前先做成西部浅水埽工，留下东部深水工程等到本年10月初复工，12月底完成，同时黄河回复故道；复堤和河槽裁弯取直工程在本年11月底完成，培

从花园口西坝头看口门形势，东西坝头相距1460米，水面宽1030米，当时最大水深9米，老河床比新河床高约10米

修加固于次年4月完成，整理堤防险工及防洪备料次年6月底前完成。

然而，立功心切的塔德却极力反对。他自恃成功主持过黄河堵口工程，又是联总首席工程顾问，傲气十足，执意坚持当年6月底前完成花园口堵口工程，甚至骄横地说："这个工程做与不做，与我个人毫无关系，联总援助的物资，这里不能做工程，也可以拿到另外地方去办理，有东西还能找不到地方给人！"

塔德见不能说服堵口复堤工程局众人，径直飞往上海，向联总中国分署告状，同时向国民党行政院院长宋子文进行游说。

连塔德也没想到，他的尽快堵口主张，竟与国民党最高当局的军事谋略不谋而合。

4月28日，国民党军副参谋总长白崇禧、郑州绥靖区主任刘峙等人到花园口工地督促加快堵口进度。

5月2日，宋子文电令堵复工程局，称："黄河花园口堵口工程此前决定本年间枯水时期修复，兹闻报告，又改为缓至秋后举办。此事关系重要，不宜缓办，且国际视听所系，仍应积极兴修。已电饬交通部迅速修筑施工铁路，准备列车，赶运石方至工地，希速依照原定计划积极提前堵口。"

军令如山。国民政府水利委员会立即推翻了先前的决议，决定依照塔德的主张，全力推进花园口堵口工程步伐。堵口复堤工程局副局长潘镒芬、总工程师陶述曾等人，因此相继离职。

民工赶牛车往花园口堵口工地运送料物

一时间，花园口工地举钎为云，挥汗如雨，机器轰鸣，车辆穿梭。据当时统计，本次堵口施工，出动工程技术人员与技术工人1160余人，民工万余人，最多时上工民工多达5万人。与此同时，联总援助的桥梁材料、汽车、推土机、开山机、钢轨、斗车、汽油和修理机械等大量器材，行总派出的工赈工作队、医疗卫生队，河南省政府组织购运的秸料、柳枝和木桩，交通部专门修建的到花园口工地的铁路支线以及赶运器材列车、粮食的列车，均陆续到位。

1946年黄河花园口堵口开工现场

5月中旬，口门浅水处埽工完成1000米，背河堤防后戗培厚40米宽，临水面完成护堤丁坝10道，铁路铺到西坝头。

6月21日，完成近500米的栈桥，工程即将进入合龙阶段。

针对国民党政府加快实施花园口堵口的背信弃义行为，中共中央发言人在延安就黄河归故问题发表声明，严正指出：国民党某些决策者，对迁徙、救济故道居民不负任何责任，坚持两月内先在花园口实行合龙放水，这不能不认为是国民党反动派借治河为名，行内战阴谋之实。中共对于千百万人民的生死存亡，决不能坐视不顾！

在此期间，在周恩来直接领导下，中共解放区代表与国民政府水利委员会、黄河水利委员会、联总、行总等代表先后进行了菏泽谈判、开封谈判、南京谈判，达成了《南京协议》。为了促进协议执行，周恩来还与美国军事顾问团马歇尔、国民政府水利委员会委员长薛笃弼签订了“三方保证”。

中共中央副主席、中共首席代表周恩来与联总、行总代表进行黄河归故问题谈判

然而，6月下旬，国民党20万军队大举围攻中原解放区，内战全面爆发。于是，国民党当局不顾历次黄河谈判成果，迫不及待地加紧花园口堵复工程，单方决定于6月23日花园口堵口工程抛石合龙。

恰在这时，一场黄河大水较往年提前而至。6月25日，陕州流量达4800立方米每秒，加之支流来水的汇合，滚滚洪流直向花园口而来。由于堵口工地河水暴涨，口门东头桥桩一下被冲走4排。随着洪水继续上涨，桥桩不断被冲走。几天之内，东半部45排桥桩荡然无存，消失在茫茫洪水之中。

花园口堵口工程首次合龙失败。

7月18日至22日，周恩来率领解放区代表在上海就黄河归故问题同国民党政府、联总再次进行谈判。

为详细了解黄河下游解放区修复堤防所需物资及救济款项，谈判期间，他从上海飞抵河南，实地察看花园口堵口现场，出席了在开封国民政府黄河水利委员会府邸举行的黄河归故问题座谈会。在发言中，周恩来从黄河历史到黄河归故，从国共谈判到中国前途，旁征博引、情理交融，重申了中共解放区“先复堤，后堵口”的原则立场，用大量事实揭露了国民党企图把黄河作为内战工具的阴谋，博得了包括国民党政府工程技术人员的广泛认同。

随后，周恩来飞返上海继续进行谈判。最后，中共解放区、联总、行总三方签署了《黄河问题协定备忘录》，包括：花园口堵口工程延期举行，为解放区黄河复堤工程提供60亿元工料费、8600吨面粉及部分复堤器材，发放黄河两岸灾民228亿元安置救济费等条款。经过唇枪舌战的交锋，为黄河故道民众争取了应有的权益，赢得了国内舆论的主动。

三、堵口，一波三折

随着黄河两岸军事斗争的不断升级，花园口堵口步伐日益加快。

1946年8月10日，刘邓大军在陇海线对国民党军队发起自卫反击战，相继攻占陇海铁路沿线5个县12个车站，控制铁路300多公里。受到重创的国民党当局旋即调集14个师30多万兵力，向冀鲁豫解放区猛扑。陈诚、白崇禧分别抵临郑州、开封指挥督战。对此，刘邓大军采取运动战、诱敌深入的战术，在菏泽大杨湖一举歼灭国民党军第3师，生俘师长赵锡田。9月下旬，国民党军队重兵压境，向菏泽反扑。中共刘邓大军实行战略转移，撤离战区。

黄河堵口復堤工程局月刊
第六七期合刊
本期要目

黄河堵复工程局主办的堵口月刊

10月5日，花园口堵口工程重新开工。国民政府水利委员会副委员长沈百先匆匆赶至花园口督促施工，限令堵复工程局50日内务必完成合龙。

11月29日，蒋介石密电水利委员会，命令“督饬所属昼夜赶工，并将实施情形具报”。

12月6日，堵复工程局顾问熊观民赶往南京，向最高当局报告堵口石料供应吃紧情况，请求调拨运送军火车辆，加紧赶运石料。蒋介石当即批准，并指示：宁停军运，不停河运。

然而，国民党当局的一厢情愿，却被棘手的技术难题挡住了去路。

由于口门东部原来打好的桥桩被洪水冲走，急需在180米长的河段补打桥桩。而此时大河水量汇流于此倾泻而下，最大流速达4.67米每秒，最大水深18.3米。在如此水深流急处打桩，难度超乎寻常。经过20多天折腾，因顶冲甚急，一排也未打成。

花园口堵口现场鸟瞰图

此外，堵口合龙筑坝需要20多万立方米石料，按当时的铁路运输能力，这么多石料运至工地需要半年之久，欲使黄河一个月内回归故道，无异于痴人说梦。

面对骑虎难下的窘境，国民党政府水利委员会曾试图放弃这条桥线，另择新址建桥，进行抛石筑坝堵口。但是，片石、木材严重不足，仍然是拦路虎。堵复工程局又把目光投回旧桥线，尝试从东向西做透水柳坝，逼

民工们正在打夯填实花园口堵口堤坝

大溜西移。结果，在从水深流急中强行打了3排桥桩，很快就被急流冲断一排。从东坝用柳枝捆厢进占，因水流太急，也未成功。用船只搭建浮桥，不但无法下锚，甚至连打桩的船都被冲翻。

施工接连受挫。国民党当局要求加快堵口的指令，一道接一道，比催命还急。

至此，国民党当局执意加快花园口堵口的军事企图已彻底暴露。

1946年11月2日，周恩来就立即停止花园口堵口工程等问题致函联总中国分署署长艾格顿、行总署长霍宝树，严正指出：国民政府迄今未遵守协议，致使解放区黄河故道复堤整理险工等工程无法进行。在下游复堤尚未竣工、救济河床居民款项未拨付之际，花园口堵口工程却在积极进行，

就當前黃河堵口問題
周恩來同志嚴正談話
國方之所以如此殘酷，乃在利用黃河水勢淹沒魯豫解放區軍民，破壞自衛動員，以達其進攻和侵佔目的，現值數百萬人民存亡關頭，望全國共起呼籲挽救

1947年1月，中共中央主办的《解放日报》发表周恩来关于黄河堵口问题的严正谈话

且国民党方面还命令50日完成堵口，置下游千百万人民及河床内数十万居民于极度危险之地，由此酿成的历史惨剧，国民政府当局应负完全责任。

1947年1月3日，中共中央特派代表饶漱石会同晋冀鲁豫边区负责人滕代远、戎伍胜等在邯郸与国民党方面

举行会谈，强烈谴责国民党当局违背协议、破坏下游复堤及单方面放水的罪恶行径。

1月8日，周恩来从南京回到延安后再次发表严正声明，呼吁全国同胞与舆论媒体，共同制止国民党当局利用黄河水淹没解放区人民，割断解放区生产供给的阴谋。

面对花园口堵口合龙日益逼近，故道下游沿河群众成立了河民自救队等组织，纷纷集会对国民党政府表示抗议。

此时，制约花园口堵口进度的，依然是东端桥桩问题。鉴于汛期已过，水流渐缓，堵复工程局决定抓住时机，用柳枝包石捆枕，从东坝桥码头上首起向西推进，昼夜赶工，先把口门东部填平，然后进行平堵。

12月15日，东部最深一段80米长的河槽被填平。同日，桥上5条平行轨道铺成，抛石平堵开始。随着石坝逐步增高，桥前水位抬升，河水流速明显加大，至12月17日，部分桥桩在水流冲击下开始倾斜。由于石料供应不足，这一险情未能及时抛石抢护，12月20日晨，4排桥桩被水流冲倒，栈桥再次被冲断。

蒋介石听闻此讯，坐立不安，立即电令各有关部队加派车辆火速协助运送石料。5天后的1947年1月2日，蒋介石又亲自指示国民党水利委员会，严令堵口工程务须按照原定进度在本月完工，不得拖延。

催促赶工的命令，如泰山压顶般让堵复工程局透不过气来。

此时已是数九隆冬，天寒地冻，全河淌凌，大量冰块壅塞至栈桥前，部分桥桩开始下陷歪斜，接连出险。经紧急组织力量日夜抢护，栈桥及石坝缺口方得以恢复。

一波未平，一波又起。

由于河水猛涨，流冰猛烈撞击，东段的石坝坝身下蛰，岌岌可危。1月15日深夜，石坝中部突然下陷4米，形成一个巨大豁口，巨流浊浪咆哮而过，桥桩很快被冲断一排，接着全桥出现动摇。随着邻近桥桩相继折断，3天之内8排桥桩损毁殆尽，石坝缺口迅即扩宽至32米，深达12米。

面对这一凶险局势，现场人员冷汗涔涔，束手无策。花园口堵口再次

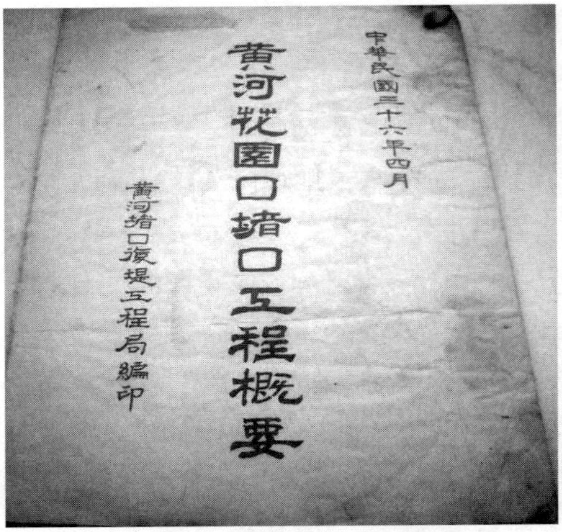

黄河堵口复堤工程局编印的《黄河花园口堵口工程概要》

功败垂成。

1月28日傍晚时分，国民党政府水利委员会委员长薛笃弼带着蒋介石的指令，气冲冲奔赴花园口堵口工程现场。

此时夜色已经降临，凛冽的狂风嗖嗖呼啸，刺骨的河水夹杂着冰凌上下翻涌，柳枝、石料、铁丝笼等料物杂乱地堆放在堵口工地，料峭的气氛，使隆冬季节的花园口愈显寒冷。

一到工地，薛笃弼就马不停蹄地连续召开会议，三番五次强调：此次堵口关系重大，总裁指示务必于桃汛前实现合龙，不得有任何闪失。为了督促赶工，他不惜血本，又从经济上作出承诺：工款超出预算，另行追加在所不惜，人力不够，可再调集6万多名民工，赶赴工地。

在此之前，堵复工程局局长赵守钰因堵口失败，引咎辞职。朱光彩接任局长后，摒弃美国工程师塔德的做法，启用了陶述曾、潘溢芬、齐寿安、谭保泰等中国水利专家。在工地上，薛笃弼组织陶述曾等工程技术人员分析了两次堵口失败的原因，决定在平堵与立堵相结合的方法，配合加强拦河石坝、增挖引河、加筑挑水坝、盘固坝头等措施，日夜赶工，进占堵合。

首先是加固拦河石坝。

一是在石坝上游铺垫10米宽的柳枝，一层柳一层石，压入泥沙之中，以防河水淘刷上游坡脚。坝顶加高依然采用这种办法，修至超出故道河床2米，防止冲滚和淘坑。

二是在石坝下游20米处增修10米宽的坝体，中间填土夯实。整个坝面宽达50米，使石坝不致下蛰，成为全坝的骨干。大坝主体坚实以后，把中间的缺口填满，合龙即可望成功。

故道引河开挖宽深不足，也是导致前两次平堵失败的原因之一。有鉴于此，陶述曾等水利专家提出，在原有2条引河之外增挖4条，以便河水在合龙过程中能大部回入河道，形成分流，减小口门冲力。

此外，为了减轻合龙时的过水压力，还在西坝头加筑了两道挑水丁坝，将大溜挑离口门，使河水直趋故道。

在立堵合龙中，口门两端收至极端狭窄时，称为“金门”。金门两端坝体，被称为“金门占”，也就是拦河坝的坝头。该处受水流撞击最为猛烈，且产生强烈的回流漩涡。合龙时，愈向前进，水愈深，溜愈急，如进

正在逐步进占的黄河花园口堵口工程

占不牢，极易造成翻覆之险。为此，堵复工程局采用柳枕和大铁丝笼的方法，将坝头层层盘固，压稳金门占，依次向前推进，以求万无一失。

合龙一步步临近了。大批被征招的民工从各地进驻花园口，工地上，人头攒动，机器轰响，车辆川流不息……

3月8日，堵口合龙正式开始。

这是一场与黄河水决斗的白刃战。此次采用传统的柳枕合龙法，即

堵口即将合龙

从两端金门占相对推下柳枕，直至合龙。为防止金门占下蛰出险，修作的三道柳枕坝，同时推进，互遏水势。合龙伊始，猛浪若奔，激流四溅，抛下的柳枕瞬间即被冲走，其情景令人无不触目惊心。随着抛枕速度加快，口门覆盖层逐步增厚并下蛰河底，水流速度减缓，水面明显抬高。

3月8日下午，经过一天一夜不停地抛枕，水面已抬高到引河以上1.8米。此时，正逢一场西南方向的狂风呼啸而来，水借风势，风助水力，引河全线过流，大河水量的一半由此流向黄河故道，堵口处的压力顿时减少许多。望着急速东流的河水，施工现场的人们这才稍稍松了口气。

3月12日晨7时，晨光熹微，东方泛白。堵口合龙处的口门只剩下4米，合龙眼看指日可待。

突然，“嘣”的一声，工地上发出震天巨响，所有的人都被突如其来的声响震懵了。原来，由于风大流急，西坝和东坝系枕缆绳突然折断，西一、西三坝和东三坝接连吊蛰入水，形势急剧恶化。

鏖战通宵的技术人员顾不得困乏力竭，连忙赶到坝头。经察看，所幸所抛柳枕均已沉入水下，未被冲走，流速水量也无加大，不影响在原坝基础上继续施工。

成败在此一举。为防止再生意外，堵复工程局决定加大抛枕分量，将第一道坝由柳枕改为抛5米长的铁丝石笼，将第二、第三道坝改为推25米

参加花园口堵口合龙典礼有关人员合影

长的大柳石枕。

人推肩扛，棍撬车拉……随着一个个庞然大物推入金门后发出“扑通、扑通”的沉闷声响，金门水面不断壅高，决口外侧水头随之明显下降。

14日夜，几束探照灯照射下，放眼望去，金门处水面高度抬至和故道河床几乎齐平，抛投的料物已经露出水面，金门水势大为减弱。放荡不羁的河水终于收敛了冲撞奔突之势，变得温和起来。

3月15日凌晨3时，经过连夜奋战，第一道坝铁丝笼闭合。随着最后几捆柳石枕的沉落，第二、第三道坝亦相继合龙。

清晨的霞光穿透薄雾，如金色的轻纱铺洒在堵口工地上。河面上，浑浊的水流波光粼粼，缓缓东去，仿佛在诉说着曲折跌宕、饱经祸患的一件件往事。

至此，决口八年之久的花园口堵口合龙毕成，饱经战火、历尽劫波的泱泱大河终于回归故道。

四、新天地，新纪元

王化云在冀鲁豫解放区黄河水利委员会机关驻地

1947年5月的一天，一位中年汉子登上黄河大堤。他个子不高，头戴一顶旧军帽，身着白色粗布上衣，炯炯有神的两道目光中，透出一股轩昂之气。此时，他时而注视脚下残破不堪的堤防，时而举首环望远处炊烟袅袅的村庄，麦浪起伏的农田，若有所思，满怀心事。稍顷，只见他紧握了一下拳头，向身边这条大河微微点了下头，信步沿着大堤向前走去。

他叫王化云，新上任的冀鲁豫解放区黄河水利委员会主任。1908年1月出生在河北省馆陶县一个书香门第。23岁考取北京大学法学院法律系。1937年7月，抗日战争爆发后，王化云回到家乡，积极投身抗日救国运动，历任山东丘县、冠县抗日政府县长、解放区鲁西行署民政处长、冀鲁豫区行署司法处长、民教处长等职。在战火硝烟中，他致力发动群众，壮大抗日武装，组织优抚支前，不屈不挠参加反扫荡斗争，成为一位意志坚定、经验丰富的革命者。

人民日報
王化雲氏發表聲明
再度抗議蔣匪決堤
蔣介石悍然繼續放水

晋冀鲁豫解放区主办的《人民日报》发表王化云抗议国民党政府不顾故道下游人民安危，提前动工堵复花园口等报道

三个月前，从国民政府和联总查看黄河故道之行中，冀鲁豫解放区得知国民政府准备引黄河回归故道的讯息。为了应对这一重大情况变化，中共中央指示冀鲁豫区行署，立即组建相应治河机构，着手筹划复堤整险，以防突然来到的黄河洪水。

1946年2月22日，中共冀鲁豫区党委、行署决定成立黄河故道治河委员会。5月，该机构改名为冀鲁豫黄河水利委员会，任命民教处处长王化云出任主任。主要任务是，组织勘察堤防、测量河势，调查河床人口、财产，争取善后救济物资，筹划河床居民迁移安置救济等。

黄河河官可不是好当的。自古以来黄河三年两决口，改道频仍，下游两岸深受黄河泛滥之苦。眼下，国民党当局急欲堵复花园口，引黄河归故，下游故道堤防历经八年战事，战沟纵横，残破不堪，如若不及时修整，一遇大水，险象环生，极有可能造成第二个“黄泛区”。那样，两岸解放区人民将遭受灭顶之灾，万千家园又将毁于一旦。想到这里，王化云深感责任重大。

此时，摆在面前的主要困难是，黄河情况不明，治河人才缺乏，治河物资几乎是一张白纸。为此，他一边组建机构，招兵买马，一边收集资料，尽快熟悉历史洪水、堤防工程、险工布局等情况，发动群众，组织开展复堤工作。

根据堤防分布，经行署研究决定，冀鲁豫黄河水利委员会下设4个修防处，各修防处对应辖区分别设立县级修防段，修防处、段实行双重领导，以冀鲁豫黄河水利委员会垂直领导为主，各专区、各县政府领导为辅，通力做好黄河复堤整险、河道修防工作。

在下游，山东渤海解放区也于当年5月22日成立了由江衍坤为局长、王宜之为副局长的山东黄河河务局，山东黄河故道沿岸各县建立治河办事处，由县长兼任办事处主任。该区的复堤任务是，沿河大堤普遍加高1米，重要险工须展宽河槽或开挖引沟，以分泄水势；修整麻湾决口，加修外堤，展宽河面。渤海行署要求各县加强修堤组织工作，动员群众麦收期间不停工，争取尽早完成复堤工程。

以解放区人民治理黄河机构的诞生为标志，中国共产党领导的人民治理黄河事业由此发端。

6月3日，冀鲁豫行署在菏泽召开沿河各地专员、县长和修防处、修防段负责人参加的浚河复堤联席会议。会上，王化云遵照中共中央对时局形势的分析，进行了思想动员和治河部署。他说，中央指示，南京协议已经签订，联总善后救济的器材物资将陆续到位，但是不能寄希望于国民政府履行协议。我们必须利用以工代赈，立即开工修堤浚河。具体复堤任务是：第一期，修补旧堤至1938年改道前情形；第二期，加高培厚，整理险工；第三期，条件成熟后，裁弯取直，整治河道。为了与洪水争速度，为战争抢时间，决定在原来动员11万人的基础上，再动员10万民工上堤，使沿河复堤民工达到21万人。王化云最后强调说：浚河复堤，事关大局。各专区、各县务必动员群众，全力以赴，把修复黄河大堤作为一项战斗任务来完成，确保国民党反动派提前堵口，不致决口成灾。

6月上旬，冀鲁豫解放区沿河18县组织23万民工，在西起长垣、东到齐禹长达300公里的堤线展开复堤整险。渤海行署动员解放区沿河19个县20

1946年联总代表到渤海解放区查勘了解黄河故道情况，图为渤海解放区山东黄河河务局局长江衍坤（前排左2）、区参议长李植庭（左4）、行署负责人李人凤（左1）与联合国善后救济总署代表傅莱（左5）、巴比德（左6）等合影

万民工，在长90多公里的堤防上摆开复堤战场。

分得土地不久的翻身农民，怀着保卫黄河、保护家园的激情，踊跃参加复堤。锨镐挥舞，车推肩扛，打硪运料，展开了轰轰烈烈的复堤竞赛。工地上，人民高喊着新编的治黄小调，“你打硪呀，我抬土呀。硪要打得实呀，土要挖得深，堤住黄水不害人”，任凭汗水流淌，忘却了疲倦，忘记了艰苦……

修堤过程中，联总从青岛和上海分别运来1300吨面粉、20桶汽油、5箱药品等复堤物资，缓解了复堤物资紧缺的局面。联总、行总人员在察看解放区复堤现场，目睹大堤上热烈的忘我劳作场面，深感震撼，称“此修堤规模之宏大，为黄河史来所未有”。

经过一个多月艰苦奋战，冀鲁豫解放区第一期复堤工程基本完成，完成修堤土方770余万立方米，残破的大堤得到初步恢复。7月底，渤海解放区完成修堤土方410余万立方米，故道两岸旧堤防得以修复，堵复了1937年麻湾决口老口门，并培修垦利以下河口段新堤30公里。

然而，就在这时，国民党当局悍然撕毁《停战协定》，发动了对解放区的全面进攻。8月28日，国民党军队调集郑州、徐州两绥靖公署的14个师32个旅共30万人，向冀鲁豫解放区发动进攻。

黄河南岸被国民党军占领后，国民党部队不断袭击修堤工地，杀害治河员工，复堤工作因此多次被迫中断。由于国民党军队的封锁，解放区粮食、药品、修堤器材等物资极为匮乏。在艰苦恶劣的环境下，解放区广大军民，一手拿枪，一手拿铁锹，咬紧牙关，鏖战“双敌”，蜿蜒千里的大堤上下，展开声势豪壮的复堤自救运动，用血肉之躯修起了防御洪水的“水上长城”。

经过艰苦卓绝的斗争，1947年汛期黄河洪水安澜入海，解放区军民赢得了黄河归故后第一个伏秋大汛的胜利。

黄河回归故道后解放区军民与治河员工在堤防上奋力防汛抢险

此时，解放战争正在激烈进行。国民党当局的战略企图是，凭借黄河回归故道后形成的“乙”字形流向，把陕北的中共军队压到黄河以东，把冀鲁豫、山东的中共军队挡在黄河以北，集中包围于华北地区的“乙”字形区域内，聚而歼之。

中共中央及时洞察到国民党这一战略“兵力分散，中间空虚，机动作战力量不足”的弱点，指示刘伯承、邓小平指挥的晋冀鲁豫野战军主力实施中央突破，南渡黄河，插入大别山。

1947年6月30日夜，漆黑寂静，大河茫茫，刘邓大军12万人，从山东阳谷以东150余公里的8个堤段强渡黄河，一夜间突破国民党军队精心设防的黄河防线。

1947年6月30日夜，刘邓大军强渡黄河，实施中央战略突破

刘邓大军渡河之后，立即包围郓城、鄄城，继而向纵深进击，发起鲁西南战役，经过28天浴血奋战，歼灭国民党正规军9个半旅，计5.6万人。接着，长驱南征，从国民党数十万军队包围中杀开一条血路，经过20多天行军和迂回战斗，于8月底抵达大别山区，完成千里跃进的壮举，由此揭开了全国解放战争战略进攻的序幕……

1948年，是黄河回归故道后的第二年。大河流路尚未规顺，堤防险工十分薄弱，一进汛期，黄河就多处出险，尤以高村险工最为严重。

6月中旬，洪水汹涌而至，大溜直冲高村7坝，接着从10坝至16坝又先后发生掉蛰、跑埽、坝基坍塌等险情，经过10余天紧张抢险修护，险情暂趋缓和。

7月6日，高村险工河势突变，大溜直冲13坝和14坝两坝，护埽全被冲垮，裹头埽被冲跑，大溜淘刷坝基，以下各坝亦随之相继出险，防洪形势危急。

正当此时，国民党军飞机却在十余天内，对黄河堤防进行轰炸，炸死炸伤治河员工及防汛群众200余人，20余头运料牲畜死伤。7月下旬，国民党军占领高村，烧毁料物，割断绳缆，拷打抢险员工，驱散上堤抢险群众。高村险工工程险情急剧恶化。

针对国民党军队阻挠破坏抢修黄河险工的紧急情况，7月27日，中共中央发言人发表严正声明，指出：如国民党及其军队视人民生命为儿戏，继续破坏当地人民救死求生的努力，致使黄河决口，一切后果应由国民党政府负完全责任。

7月30日，在冀鲁豫解放区武装部队掩护下，高村险工抢护重新展开。经过昼夜奋战，连续抢修了15坝、16坝两道坝埽。但因洪水猛烈淘刷，险情继续扩大，抢险再次告急。

接到报告，王化云率工程技术人员再次星夜赶到工地。经现场研究，决定增加秸料，增调工程队，采取临堤下埽等多种措施，日夜抢护。8月12日凌晨，后杨村附近70米堤顶大段坍塌入洪水之中。冀鲁豫军区派出两个营兵力紧急赶达工地，沿河各县出动大批车辆，将秸秆、柳枝、石料、青砖、麻绳等治河抢险物资源源不断地运至工地。扛桩抛石，贴堤下埽，抢修堤坝……数万军民经过56个日日夜夜连续作战，终使高村险工转危为安。

在解放战争的隆隆炮声中，黄河回归故道后的第二次洪水，再次安澜入海。

1949年汛情更加严峻。从7月下旬到9月中旬，黄河先后7次涨水，7月27日花园口站出现11700立方米每秒流量洪水，9月14日花园口站最大洪峰流量12300立方米每秒。由于洪量大，水位高，历时长，漏洞、管涌、塌坡等重大险情，接连发生。面对来势凶猛的洪水，下游平原、河南、山东三省党政军民迅速组成40万抗洪大军，巡堤查水，抢堵漏洞，抢护蛰陷，与洪水展开了殊死搏斗。

这是一个非同寻常的重要历史时期：开国大典即将举行，新生的人民

在解放战争的隆隆炮声中，1948年黄河再次安澜入海。图为解放区举行黄河安澜庆祝大会

1949年汛期，黄河下游军民奋力防洪抢险。图为山东省沿河群众向麻湾险工紧急运送秸料

黄河下游抗洪抢险取得决定性胜利的时候，1949年10月1日，北京天安门广场举行中华人民共和国开国大典

共和国就要诞生。此时此刻，人们有着一个共同的坚定信念：决不能让黄河出问题！

经过数十万军民3个多月的艰苦奋战，1949年黄河抗洪斗争取得了全面胜利，滔滔洪水又一次安澜入海。

这年10月1日，毛泽东在天安门广场向全世界庄严宣告中华人民共和国成立，第一面五星红旗冉冉升起。

千里黄河大堤上，数十万抗洪军民以确保黄河安澜的硕果，为新中国的诞生送上了一份厚重的献礼……

饱经战争洗礼的黄河，从此进入一个新的历史纪元。